P. Udhaya Raja
K. S Shanmugam
J. Sriman Narayanan

Produção e caraterização molecular da lipase

P. Udhaya Raja
K. S Shanmugam
J. Sriman Narayanan

Produção e caraterização molecular da lipase

Lipase Molecular Bactérias

Imprint
Any brand names and product names mentioned in this book are subject to trademark, brand or patent protection and are trademarks or registered trademarks of their respective holders. The use of brand names, product names, common names, trade names, product descriptions etc. even without a particular marking in this work is in no way to be construed to mean that such names may be regarded as unrestricted in respect of trademark and brand protection legislation and could thus be used by anyone.

Cover image: www.ingimage.com

This book is a translation from the original published under ISBN 978-3-659-63364-5.

Publisher:
Sciencia Scripts
is a trademark of
Dodo Books Indian Ocean Ltd. and OmniScriptum S.R.L publishing group

120 High Road, East Finchley, London, N2 9ED, United Kingdom
Str. Armeneasca 28/1, office 1, Chisinau MD-2012, Republic of Moldova, Europe
Printed at: see last page
ISBN: 978-620-8-07363-3

Índice:

Produção e caraterização MoiecuiAr da upase
Por espécies de *Bacillus*

Capítulo 1
1. INTRODUÇÃO

Lipase

As lipases (triacilglicerol acil-hidrolases E.C 3.1.1.3) são enzimas ubíquas de considerável importância fisiológica e potencial industrial. As lipases catalisam a hidrólise do triacilglicerol em glicerol e ácidos gordos livres, ao contrário das esterases. As lipases só são activadas quando adsorvidas a uma interface óleo-água (Martinelle *et al.*, 1995) e não hidrolisam substratos dissolvidos no fluido a granel. Uma lipase verdadeira divide ésteres emulsionados de glicerina e ácidos gordos de cadeia longa, como a trioleína e a tripalmitina.

As lipases são serina hidrolases e apresentam pouca atividade em soluções aquosas que contêm substrato solúvel. As lipases estão envolvidas em várias fases do metabolismo dos lípidos, incluindo a digestão da gordura, a absorção, a reconstituição e o metabolismo das lipoproteínas (Bataillon *et al.*, 2000). Muitas lipases são activas em solventes orgânicos onde catalisam uma série de reacções úteis, incluindo a esterificação.

As lipases têm uma série de caraterísticas únicas, incluindo
a especificidade do substrato, a especificidade do estéreo, a seletividade da região e a capacidade de catalisar uma reação heterogénea na interface de sistemas solúveis e insolúveis em água (Jaeger *et al.*, 1998). As lipases são enzimas produzidas por todos os sistemas biológicos através de animais, plantas e microrganismos. Ao contrário das lipases animais e vegetais, as lipases microbianas extracelulares podem ser produzidas de forma relativamente económica por fermentação e em grandes quantidades (Macrae e Hammond, 1985). A atividade das enzimas é determinada pelas condições de reação, tais como a temperatura, o pH e a presença de compostos inibidores. O aumento da produtividade da lipase durante o processo de fermentação é de grande importância
, uma vez que a redução dos custos de produção poderia promover novas aplicações industriais. A produtividade da lipase é afetada por diferentes factores ambientais, tais como a temperatura, o pH, a composição do meio e a presença de indutores, entre outros factores que afectam a produção de lipase extracelular, tendo sido estudados em bactérias.

O custo das lipases microbianas é largamente determinado pelo rendimento, que está relacionado com a quantidade de enzima produzida, o processamento a jusante e a estabilidade pós-colheita. Entre os vários factores que influenciam a produção de lipases durante a cultura, o tipo de substratos de carbono e os indutores têm um efeito profundo na produção de lipases microbianas porque a função das lipases microbianas é decompor substratos lipídicos insolúveis para que possam ser mais facilmente absorvidos (Saxena *et al.*, 1999).

Foi demonstrado que muitas lipases estão relacionadas filogeneticamente. A família de genes da lipase pancreática é uma grande família de genes com 9 subfamílias (Lowry *et al.*, 1951). Além disso, existem outros grupos de lipases filogeneticamente relacionadas e ainda outras lipases que não pertencem a uma família de genes definida (Mustranta *et al.*, 1992).

As lipases têm aplicações promissoras no processamento químico orgânico, nas formulações de detergentes, na síntese de bio-surfactantes, na indústria oleoquímica, no fabrico de papel, na nutrição, nos cosméticos e no processamento farmacêutico. O desenvolvimento de tecnologias baseadas em lipases para a síntese de novos compostos está a expandir rapidamente as utilizações destas enzimas (Liese *et al.*, 2000). O aumento da produtividade da lipase durante o processo de fermentação é de grande importância, e um custo de produção mais baixo poderia promover novas aplicações industriais. No entanto, o interesse nas lipases bacterianas tem aumentado porque são mais estáveis do que as de outros organismos, especialmente quando expostas a temperaturas elevadas e outras condições severas (Sugihara *et al.*, 1991). Além disso, as enzimas de bactérias termofílicas têm uma estabilidade ainda maior em condições operacionais e/ou de armazenamento severas (Breccia *et al.*, 1998). As lipases têm diversas aplicações na indústria alimentar, em detergentes biológicos, em aplicações médicas e no tratamento de resíduos (Benjamin e Pandey, 1998). Recentemente, tem havido um interesse considerável nas propriedades básicas e aplicações industriais de lipases termoestáveis de mesófilos e termófilos. A maioria das lipases termoestáveis apresenta uma maior estabilidade termodinâmica, tanto a temperaturas elevadas como em solventes orgânicos, como consequência da adaptação dos microrganismos correspondentes a temperaturas de crescimento mais elevadas (Drochioiu *et al.*, 2005).

Lipase

A lipase (triacilglicerol acil-hidrolase, E.C.3.1.1.3) catalisa a hidrólise das ligações éster dos triacilgliceróis na interface entre a fase insolúvel do substrato e a fase aquosa, transformando-os em glicerol e ácidos gordos livres (Macrae, 1985). A reação da lipase é a seguinte

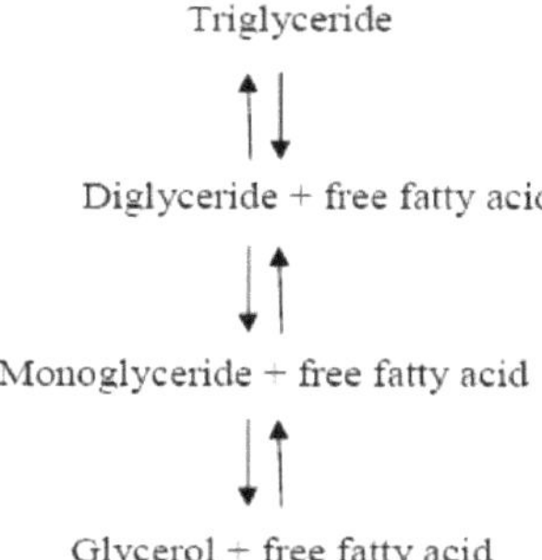

A lipase catalisa a hidrólise de substratos sob a forma de micelas, pequenos agregados ou partículas de emulsão. A capacidade de catalisar a hidrólise de ésteres de ácidos gordos de cadeia longa insolúveis distingue a lipase de outras esterases, que catalisam a hidrólise de ésteres solúveis em vez de ésteres insolúveis (Macrae, 1985).

Fontes de lipases

As lipases foram encontradas não só em animais e plantas, mas também em muitos tipos de microrganismos (Sugihara *et al.,* 1991). As lipases microbianas são geralmente enzimas extracelulares, produzidas por vários fungos, actinomicetos, leveduras e bactérias. A estirpe J33 de *Bacillus* produziu uma lipase alcalina termoestável que
era altamente estável com uma atividade melhorada em solventes imiscíveis com água (Martinz *et al.,* 2002). Para além disso, outras fontes possíveis de lipase termoestável são fungos como o fungo filamentoso Humicola Lanuginose Var Catenulate (vielle *et al.,* 2001).

Lipases microbianas

As lipases microbianas são muito diversas nas suas propriedades enzimáticas e especificidades de substrato, o que as tornou atractivas para aplicações industriais. Um grande número de lipases foi selecionado para aplicações como aditivos alimentares (enzimas que modificam o sabor), reagentes industriais (aditivos detergentes), bem como para aplicações médicas (Elwan *et al.,* 1977).

A maioria das lipases microbianas são extracelulares, sendo segregadas através da membrana externa para o meio de cultura. A otimização das condições de fermentação das lipases microbianas é de grande importância, uma vez que as condições de cultura influenciam as propriedades do produtor de enzimas, bem como a proporção de lipases extracelulares e intracelulares. A quantidade de lipase produzida depende de vários factores ambientais, tais como a temperatura de cultivo, o pH, a composição do azoto, as fontes de carbono e de lípidos, a concentração de sais inorgânicos e a disponibilidade de oxigénio (Suzuki *et al.*, 1988).

Foi relatado que a produção de lipase é estimulada por lípidos como manteiga, banha de porco, óleo de cardamomo e ácido gordo (Suzuki *et al.*, 1988; Elwan *et al.*, 1977). O processo de fermentação foi geralmente seguido pela remoção das células do caldo de cultura, quer por centrifugação quer por filtração; o caldo de cultura sem células foi então concentrado por ultrafiltração, precipitação com sulfato de amónio ou extração com solventes orgânicos. No entanto, muitas estirpes microbianas segregam lipase para o meio durante o seu crescimento em substratos não lipídicos, tais como aminoácidos, açúcares e outros compostos orgânicos (Macedo *et al.*, 1997). No que diz respeito ao processamento enzimático de lípidos e efluentes industriais ricos em óleo a altas temperaturas, são necessárias lipases termoestáveis de estirpes bacterianas termofílicas.

Fermentação

As lipases e as esterases foram reconhecidas como biocatalisadores muito úteis. São as principais enzimas industriais amplamente utilizadas nas indústrias farmacêutica, têxtil, alimentar, médica e química (Salleh *et al.*, 1993). Catalisam em interfaces lípido-água, envolvendo adsorção interfacial e subsequente catálise. São hidrolases que actuam sobre as ligações éster carboxílico. As estruturas 3D das lipases mostram uma dobra de hidrolase, bem como um cotovelo nucleófilo, onde se localiza a ação catalítica da serina (Ollis *et al.*, 1992). A extração de lipases à escala industrial é efectuada em bactérias, fungos, actinomicetos e culturas de células vegetais e animais. Entre eles, os micróbios são metabolicamente versáteis e, por conseguinte, têm vantagem em muitos processos industriais que conduzem ao desenvolvimento da biotecnologia microbiana. As lipases e fosfolipases microbianas podem ser utilizadas para modificar os lípidos que ocorrem naturalmente. Assim, as lipases produzidas por *Candida* e *Mucor* sp. foram aplicadas para aumentar o teor de ácidos gordos polinsaturados n-3 (PUFA) (Ako *et al.*, 1995; Heraldson *et al.*, 1995), ácido arquidónico (Shimada *et al.*, 1998) e triglicéridos para utilização como produtos de saúde (Henderson *et al.*, 1995). No entanto, ainda há mais possibilidades de encontrar mais lipases com propriedades novas e específicas através do rastreio utilizando ágar tributário e ensaio específico de placa entre placas (Rohit *et al.*, 2001).

O género Bacillus inclui bactérias aeróbias ou anaeróbias facultativas, em forma de bastonete, Gram + (a Gram variável), formadoras de endosporos, que estão amplamente distribuídas no ambiente (Goto *et al.*, 2002; Slepecky e Hemphill., 1991; Nazina *et al.*, 2001). Existem muitos tipos de espécies com propriedades termófilas, psicrófilas, acidófilas, alcalófilas e halófilas no género (Nazina *et al.*, 2001). A reclassificação do género *Bacillus* começou em 1991 e deu origem a oito géneros: *Alicyclobacillus, Aneurinibacillus, Bacillus, Brevibacillus, Gracilibacillus, Paenibacillus, Salibacillus* e *Virgibacillus* (Goto *et al.*, 2002).Estes oito géneros incluem mais de 100 espécies que têm caraterísticas fenotípicas semelhantes. Por conseguinte, a sua identificação não é fácil. No passado, *Bacillus* sp foi identificado principalmente por critérios morfológicos e fisiológicos. No entanto, o poder de discriminação dos métodos fenotípicos é limitado.

O método do ADN polimórfico amplificado aleatoriamente (RAPD) e o método de hibridação foram eficazes para a deteção de um pequeno número de *Bacillus* sp. Ao longo dos anos, foi construída uma base de dados do gene 16S rRNA, que foi utilizada com êxito na diferenciação de bactérias (Goto *et al.*, 2002). O género *Alicyclobacillus* é constituído por bactérias termoacidófilas, aeróbias, Gram (+), em forma de bastonete, com baixo teor de GC (Matsubara *et al.*, 2002; Goto *et al., 2002a; Nicolaus *et al.*, 1998; Albuquerque *et al.*, 2000).

Até 1992, as três espécies termoacidófilas, *B. acidocaldarius, B. acidoterrestris* e *B. cycloheptanicus*, foram colocadas no género *Bacillus* (Goto *et al.*, 2002a, 2002b). Foram depois reclassificados como um género separado, denominado *Alicyclobacillus*, devido às suas sequências de 16S rDNA e perfis de ácidos gordos celulares distintos. Tinham ácidos gordos únicos (ácidos gordos de ciclo-hexano ou ciclo-heptano) como principais componentes da sua membrana celular (Goto *et al.*, 2002b). Estes ácidos gordos alicíclicos têm anéis terminais de ciclohexilo ou cicloheptilo.

As lipases são as enzimas capazes de catalisar a hidrólise e a síntese de ésteres formados a partir de glicerol e ácidos gordos de cadeia longa (Sharma *et al.*, 2001; Sunna *et al.*, 2002; Svendsen *et al.*, 2000).

Hidrólise ou síntese de um substrato de triacilglicerol catalisada por uma enzima lipase (Fonte: Jaeger *et al.*, 1994) As lipases têm uma série de caraterísticas únicas, tais como a especificidade do substrato, a especificidade estéreo, a especificidade regional e a capacidade de catalisar uma reação heterogénea na interface de sistemas solúveis e insolúveis em água (Sharma *et al.*, 2001). Trata-se de um grupo de enzimas versátil. Expressam frequentemente outras actividades, como a fosfolipase, a isofosfolipase, a colesterol esterase, a cutinase, a amidase e outras actividades do tipo esterase (Svendsen, 2000). Recentemente, várias lipases de bactérias termofílicas, 9 *Bacillus thermoleoverans* (Lee *et al.*, 1999; Lee *et al.*, 2001; Markossian *et al.*, 2000), *Bacillus stearothermophilus* (Sinchaikul *et al.*, 2001), bactérias termoacidófilas,

Bacillus acidocaldarius (D'Auria *et al.*, 2000), e bactérias alcalifílicas, *Bacillus* sp. estirpe A 30-1 (Wang *et al.*, 1995), *Bacillus*, foram purificadas e caracterizadas.

No entanto, atualmente, as lipases utilizadas comercialmente são, na sua maioria, de origem fúngica (Jaeger *et al.*, 1994). As lipases são amplamente utilizadas no processamento de gorduras e óleos, no processamento de alimentos, na síntese de produtos químicos finos e farmacêuticos, no fabrico de papel, na produção de cosméticos (Sharma *et al.*, 2001) e no tratamento de águas residuais ricas em lípidos (Markossian *et al.*, 2000).

Caracterização molecular:

A PCR baseia-se na amplificação *in vitro* do ADN por uma enzima polimerase de ADN termoestável (geralmente *Taq* Polymerase de *Thermus aquaticus)*. São utilizados primers especiais para amplificar a região de interesse. A PCR inclui ciclos repetidos de alta temperatura para desnaturar o ADN, recozimento do iniciador e um passo de extensão no qual o ADN complementar é sintetizado pela ação de uma polimerase termoestável. No final de cada ciclo, o número de cópias da sequência selecionada é duplicado. Assim, a quantidade da sequência alvo aumenta exponencialmente (Busch e Nitschko, 1999). A sequência alvo amplificada de uma determinada bactéria pode ser utilizada para RFLP ou sequenciada.

Os genomas bacterianos podem também ser tipados através da análise de padrões de ADN cromossómico específicos de cada estirpe, obtidos por PCR. Existem, por exemplo, dois conjuntos principais de elementos repetitivos nos genomas bacterianos habitualmente utilizados para a tipagem do ADN. São conhecidos como elementos palindrómicos extragénicos repetitivos (REP) e sequências de consenso intragénicas repetitivas enterobacterianas (ERIC). Os elementos REP são sequências de 38 pb que consistem em 6 posições degeneradas e laços variáveis de 5 pb. As sequências ERIC são elementos de 126 pb que contêm uma repetição invertida central altamente conservada (Olive e Bean, 1999). A RAPD-PCR é uma técnica fácil de 10 desempenho. Tem um poder discriminatório comparativamente melhor do que a caraterização de plasmídeos, 16S rDNA -RFLP e ITS-RFLP.

Durante a última década, tem havido um aumento considerável no interesse pelas bactérias termófilas do género *Bacillus*, tanto devido à sua possível contaminação de produtos alimentares aquecidos como devido à sua importância biotecnológica como fontes de enzimas termoestáveis e outros produtos de interesse industrial [Mora *et al,* 1998]. No entanto, ainda existiam várias dificuldades na identificação e caraterização de novos isolados. O padrão de ouro para a discriminação taxonómica entre bactérias tem sido a sequência 16S rRNA. Contudo, estas sequências são altamente conservadas e não conseguem discriminar entre espécies estreitamente relacionadas. Durante os últimos anos, foram desenvolvidos e complementados vários métodos que utilizam técnicas de tipagem de ADN para a identificação e caraterização molecular de *Bacillus* sp. Estes métodos incluem a amplificação por PCR do espaçador intragénico transcrito do rRNA 16S-23S (ITSPCR), o polimorfismo do comprimento dos fragmentos de restrição do ITS-PCR (ITS-PCR RFLP), o ADN polimórfico amplificado aleatoriamente (RAPD), a eletroforese em gel de campo pulsado (PFGE) para diferenciação de estirpes e a sequenciação do rRNA para descrição das relações filogenéticas, entre outros.

O Espaçador Transcrito Intragénico (ITS) do ARN ribossómico 16S-23S tem uma variabilidade de sequência muito maior do que o ARNr 16S e tem sido útil para a diferenciação de espécies bacterianas estreitamente relacionadas [Shaver *et al.*, 2002]. A caraterização do ITS permitiu a discriminação de várias espécies dentro do género *Bacillus*. Porque o ITS não só varia em sequência e comprimento, mas também no número de operões por genoma e na posição de cada operão [Farber *et al.*, 1996]. O RFLP é um método adequado para a diferenciação entre estirpes de uma espécie individual e, especialmente, para estudos epidemiológicos [Bush *et al.*, 1999]. O RAPD utiliza iniciadores curtos, normalmente com 10 nucleótidos de comprimento, para amplificar múltiplos loci genómicos que, após eletroforese em gel de agarose, produzem perfis específicos de estirpes [Farber *et al.*, 1996]. Uma vez recolhida uma coleção representativa de, por exemplo, organismos contaminantes, ou isolados os seus ADN associados, pode ser utilizada uma comparação das impressões digitais RAPD para estimar o parentesco genético dos isolados [Olive e Bean, 1999].

ADN polimórfico amplificado aleatório

A técnica RAPD (Random Amplified Polymorphic DNA) é um instrumento poderoso para estudos genéticos e foi simultaneamente descrita por (Abd-El-Haleem *et al.*, 2002) e (Garciol-Martniez *et al.*, 1990). No entanto, a sua utilização em análises genéticas de populações pode ser limitada pelos procedimentos laboriosos envolvidos na extração de ADN genómico de grandes conjuntos de amostras. Para ultrapassar este problema, foram desenvolvidas técnicas mais simplificadas, como a que associa a forma amida ao aquecimento (Fischer *et al.*, 1999) ou a utilização de tampões específicos (Triplett *et al.*, 1994). Recentemente, procedimentos como a fervura têm sido utilizados para promover a lise celular e detetar agentes patogénicos em tecidos vegetais ou também para inativar compostos como a proteinase K, que podem inibir a *Taq* DNApolimerase (Daffonchio *et al.,* 1998). No entanto, estes métodos continuam a ser morosos. As reacções de PCR utilizando ADN obtido por fervura de células são uma rotina em muitos laboratórios de todo o mundo; contudo, na análise RAPD, esta estratégia não tem sido utilizada. As análises relatadas por (Shaver *et al.,* 2002) mencionam uma reação RAPD com ADN de *Bacillus licheniformis* extraído por ebulição celular, mas foram fornecidas poucas informações sobre a eficiência e a sensibilidade desta técnica.

A presente investigação foi levada a cabo para estudar a produção de lipase utilizando bacillus.

Coleção *J* Semple.

J Isolamento e caraterização fenotípica.

J Rastreio da atividade de lipase.

J Otimização das condições de fermentação para a produção de lipase alcalina termoestável.

J Otimização da lipase por substratos.

J Lipase activity and Purification.

J Determinação molecular por SDS PAGE, AGE e PCR.

Capítulo 2
2. REVISÃO DA LITERATURA
Lipase

A lipase (triacilglicerol acil-hidrolase, E.C.3.1.1.3) catalisa a hidrólise das ligações éster dos triacilgliceróis na interface entre a fase insolúvel do substrato e a fase aquosa, transformando-os em glicerol e ácidos gordos livres (Macrae, 1985). A reação da lipase é a seguinte

Triglicéridos

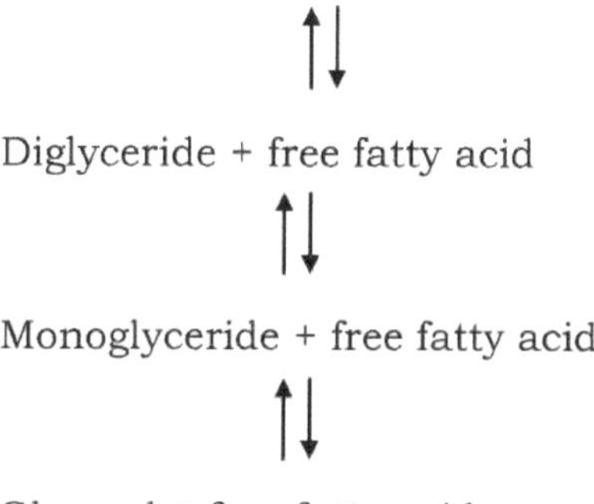

A lipase catalisa a hidrólise de substratos sob a forma de micelas, pequenos agregados ou partículas de emulsão. A capacidade de catalisar a hidrólise de ésteres de ácidos gordos de cadeia longa insolúveis distingue a lipase de outras esterases, que catalisam a hidrólise de ésteres solúveis em vez de ésteres insolúveis (Macrae, 1985).

Fontes de lipases

As lipases foram encontradas não só em animais e plantas, mas também em muitos tipos de microrganismos (Sugihara *et al.*, 1991). As lipases microbianas são normalmente enzimas extracelulares, produzidas por vários fungos, actinomicetos, leveduras e bactérias. A estirpe J33 de *Bacillus* produziu uma lipase alcalina termoestável que era altamente estável com uma atividade melhorada em solventes imiscíveis com água (Martinz *et al*, 2002). Para além disso, outras fontes possíveis de lipase termoestável são fungos como o fungo filamentoso Humicola Lanuginose Var Catenulate (Morinaga *et al.*, 1986) e Rhizoups delemar (vielle *et al.*, 2001).

Lipases microbianas

As lipases microbianas são muito diversas nas suas propriedades enzimáticas e especificidades de substrato, o que as tornou atractivas para aplicações industriais. Um grande número de lipases foi analisado para aplicações como aditivos alimentares (enzimas modificadoras do sabor), reagentes industriais (aditivos detergentes), bem como para aplicações médicas (Elwan *et al.,* 1977).

A maior parte das lipases microbianas são extracelulares, sendo segregadas através da membrana externa para o meio de cultura. A otimização das condições de fermentação das lipases microbianas é de grande importância, uma vez que as condições de cultura influenciam as propriedades do produtor de enzimas, bem como a proporção de lipases extracelulares e intracelulares. A quantidade de lipase produzida depende de vários factores ambientais, tais como a temperatura de cultivo, o pH, a composição do azoto, as fontes de carbono e de lípidos, a concentração de sais inorgânicos e a disponibilidade de oxigénio (Suzuki *et al.,* 1988).

Foi relatado que a produção de lipase é estimulada por lípidos como a manteiga, o óleo de cardamomo e o ácido gordo (Suzuki *et al.,* 1988). O processo de fermentação foi geralmente seguido pela remoção das células do caldo de cultura por centrifugação ou por filtração; o caldo de cultura sem células foi então concentrado por ultrafiltração, precipitação com sulfato de amónio ou extração com solventes orgânicos. No entanto, muitas estirpes microbianas segregam lipase para o meio durante o seu crescimento em substratos não lipídicos, tais como aminoácidos, açúcares e outros compostos orgânicos (Macedo *et al.,* 1997). No que diz respeito ao processamento enzimático de lípidos e efluentes industriais ricos em óleo a altas temperaturas, são necessárias lipases termoestáveis de estirpes bacterianas termofílicas.

Achamma *et al.,* (2003). Estes autores inferiram que a atividade de lipase de *Bacillus* sp. era máxima a pH 7 durante as 24 horas do período de cultura. Também se obtiveram níveis elevados de atividade de lipase em estirpes *de Bacillus* quando se utilizou azeite como substrato. (Rohit *et al.,* 2001) referiram que a produção de lipase foi maior quando se utilizou óleo de coco, óleo de amendoim, óleo de cardamomo, óleo de rícino e óleo de gingili como fonte de carbono. No presente estudo, a influência da temperatura do meio indicou que a produção de lipase pelas estirpes isoladas foi mais elevada (0,001 a 0,0021 pg/ml/min) a 37°C quando comparada com as produzidas a 27 e 47°C. Aqui também a atividade máxima foi exibida por *Bacillus* sp 2 (B2). (Walavalkar e Bapal 2002) referiram que a atividade de lipase de *Staphylococcus* sp. era máxima a 37°C. Lakshmi *et al.,* (1999) referiram que a produção de lipase era mais elevada em meio adicionado com óleo vegetal do que em meio adicionado com glucose. Em contraindicação, (Banerjiee *et al.,* 1985) referiram que alguns microrganismos mostraram actividades mais elevadas quando cultivados em meio contendo glucose.(Novotny *et al.,* 1988) referiram que o óleo de cardamomo em combinação com glucose aumenta a atividade da lipase e na maioria dos casos e também a presença de óleo de cardamomo, juntamente com glucose ou glicerol no meio, diminuiu significativamente os níveis de lipase e esterase. Também inferiram que, se o óleo de cardamomo fosse utilizado como a única fonte de carbono para o crescimento, as actividades enzimáticas de *Candida guilliermondii* e de levedura sp. apresentavam um aumento de quatro a cinco vezes. Tal como relatado por (Nakashima et al., 1988), a presença de óleo de cardamomo como meio de crescimento aumentou consideravelmente a atividade de lipase da estirpe *Bacillus* 2(B2). Fadiloglu band Erkmen (2002) também referiu que o óleo de cardamomo em combinação com outras fontes de azoto aumentou a produção de lipase, mas a presença de fontes de carbono no óleo de cardamomo diminuiu significativamente (P < 0,01) a atividade da lipase e o teor de biomassa. Também referiram que se verificou que as fontes de azoto orgânico aumentavam a síntese de lipase por *Candida rugosa* cultivada na presença de óleo de cardamomo.

Também foi demonstrado que o petróleo bruto contém mais compostos não polares do que polares (Subhas e Robert, 1998). Os átomos de carbono destes constituintes polares e não polares do petróleo bruto servem como substratos de crescimento e substratos de não crescimento para as enzimas microbianas durante a degradação deste composto biogénico (hidrocarbonetos). Uma vez que a mesma enzima catalisa a degradação inicial dos substratos de crescimento e de não crescimento, pode ocorrer competição pela enzima, reduzindo a taxa de degradação do substrato de crescimento (Subhas e Robert, 1998). Os resultados também mostraram que a redução na taxa de degradação do substrato de não crescimento pode ocorrer na presença de substratos de crescimento (Gill, 1989). Todos os organismos em formas simples mostraram uma utilização moderada de hidrocarbonetos de petróleo bruto em todas as amostras de tratamento, o que pode resultar da reação de intermediários e produtos que são altamente reactivos e que inactivam as enzimas microbianas ligando-se covalentemente a elas e alterando a sua estrutura (Beg.Q *et al.,* 2001).

A extração de lipases à escala industrial é realizada em bactérias, fungos, actinomicetos e culturas de células vegetais e animais. Entre eles, os micróbios são metabolicamente versáteis e, por conseguinte, têm vantagem em muitos processos industriais que conduzem ao desenvolvimento da biotecnologia microbiana. As lipases e fosfolipases microbianas podem ser utilizadas para modificar os lípidos que ocorrem naturalmente. Assim, as lipases produzidas por *Candida* e *Mucor* sp. foram aplicadas para aumentar o teor de ácidos gordos polinsaturados n-3 (PUFA) (Ako *et al.*, 1995; Heraldson *et al.*, 1995), ácido arquidónico (Shimada *et al.*, 1995) e triglicéridos para utilização como produtos de saúde (Henderson *et al.*, 1998). No entanto, ainda há mais possibilidades de encontrar mais lipases com propriedades novas e específicas através do rastreio utilizando *o* ágar tributirina e o ensaio específico de placa entre placas (Rohit *et al.*, 2001).

Assim, as lipases podem acrilar álcoois, açúcares, tióis e aminas, sintetizando uma variedade de ésteres estéreo-específicos, ésteres de açúcar, tioésteres e amidas (Singh *et al.*, 2003; Dellamora-Oritz, 1997). Para empregar uma lipase no trabalho sintético, esta deve ser imobilizada porque as lipases solúveis perdem a sua atividade em meios de reação não aquosos (Bruno, 2004; Dosanih e Kaur, 2004). Estas propriedades sintéticas permitem uma vasta gama de aplicações em vários domínios das conversões bioquímicas e orgânicas (Poonam *et al.*, 2005; Hsu et al., 2002). É sabido que as lipases são as enzimas mais utilizadas na síntese orgânica e que mais de 20 % das biotransformações são efectuadas com lipases (Gitlesen *et al.*, 1997). Para além do seu papel na química orgânica sintética, estas também encontram aplicações extensivas nas indústrias química, farmacêutica, alimentar e do couro (Gulati *et al.*, 2005; Gunstone, 1999). Os campos promissores para a aplicação de lipases incluem também a biodegradação de plásticos (Gombert *et al.*, 1999) e a resolução de misturas racémicas para produzir compostos opticamente activos (Muralidhar *et al.*, 2001). Estas funções das lipases devem-se à sua ampla especificidade para um vasto espetro de substratos, à sua estabilidade em solventes orgânicos e à sua seletividade (Snellman e Colwell, 2004; Fadnavis e Deshpande *et al.*, 2002).

Produção em grande escala:

A procura da produção de preparações altamente activas de enzimas lipolíticas levou à investigação sobre microrganismos produtores de lipase e sobre estratégias de cultura (Suzuki *et al.*, 1988). Foram publicados diferentes estudos sobre a seleção de produtores de lipase, mas existe menos informação disponível sobre o processo de fermentação. *A Candida rugosa* é uma levedura produtora de lipase bem conhecida. A sua lipase extracelular foi considerada não específica no que diz respeito à posição do glicerol. Além disso, verificou-se que a lipase de *C. rugosa* é um catalisador altamente estereoespecífico adequado para a resolução preparativa de ácidos e álcoois racémicos (Hoondal *et al.,* 2002).

O género *Bacillus* inclui bactérias aeróbias ou facultativamente anaeróbias, em forma de bastonete, Gram + (a Gram variável), formadoras de endosporos, que estão amplamente distribuídas no ambiente (Goto *et* al., 2002; Slepecky e Hemphill., 1991; Nazina *et al.,* 1998). Existem muitos tipos de espécies com propriedades termófilas, psicrófilas, acidófilas, alcalófilas e halófilas no género (Nazina *et al.,* 1998). A reclassificação do género *Bacillus* começou em 1991 e deu origem a oito géneros: *Alicyclobacillus, Aneurinibacillus, Bacillus, Brevibacillus, Gracilibacillus,*
Paenibacillus, Salibacillus e *Virgibacillus* (Goto *et al.,* 2002). Estes oito géneros incluem mais de 100 espécies que têm caraterísticas fenotípicas semelhantes. Por conseguinte, a sua identificação não é fácil.

No passado, as espécies de *Bacillus* foram identificadas principalmente por critérios morfológicos e fisiológicos. No entanto, o poder de discriminação dos métodos fenotípicos é limitado. O método do ADN polimórfico amplificado aleatoriamente (RAPD) e o método de hibridação foram eficazes para a deteção de um pequeno número de espécies de *Bacillus*. Ao longo dos anos, foi construída uma base de dados do gene 16S rRNA, que foi utilizada com êxito na diferenciação de bactérias (Goto *et al.,* 2002). O género *Alicyclobacillus* é constituído por bactérias termoacidófilas, aeróbias, Gram (+), em forma de bastonete, com baixo teor de GC (Matsubara *et al.,* 2002; Goto *et al.,* 2002a; Nicolaus *et al.,* 1998; Albuquerque *et al.,* 2000).

Os mutantes de *A. acidocaldarius* são incapazes de sintetizar ácidos gordos ciclohexílicos. Isto indica a importância destes lípidos para o crescimento a temperaturas superiores a 50°C e inferiores a pH 4. Estes lípidos adaptam as membranas a pH e temperaturas extremos. Foram encontrados numa variedade de bacilos termoacidofílicos (Hippchen *et al.,* 1981). *A. acidocaldarius, A. acidoterrestris* (Wisotzkey *et al.,* 1992), *A. hesperidum* (Albuquerque *et al.,* 2000), *A. acidiphilus* (Matsubara *et al.,* 2002) e *A.* sendaiensis (Nishio *et al.,* 1987) possuem ácidos gordos w-ciclohexano. *A. cycloheptanicus* (Deinhard *et al.,* 1987) e *A. herbarius* (Goto *et al.,* 2002) possuem ácidos gordos w-cicloheptano. As migrações electrónicas de *A. acidocaldarius* mostraram que a estrutura da superfície da bactéria é composta por subunidades proteicas dispostas numa matriz cristalina designada por camada S.

A camada S está presente num grande número de espécies que incluem todos os principais grupos de bactérias (Engerhardt e Peters, 1998). Pode desempenhar um papel protetor, uma vez que as proteínas da camada S são extremamente resistentes a condições adversas. Pode também participar na aderência das bactérias a várias superfícies (Neidhardt *et al.*, 1990). As espécies de *Alicyclobacillus* foram isoladas de fontes naturais, tais como fontes termais e solo (Uchino e Doi, 1967; Darland e Brock, 1971; Hippchen *et al.*, 1981; Deinhard *et al.*, (1987a, 1987b), Hiraishi *et al.*,1997Albuquerque *et al.*, 2000; Goto *et al.*, 2002b, Tsurook *et al.*, 2003), bem como bebidas estragadas à base de fruta (Yamazaki *et al.*, 1996; Goto *et al.*, 2002a; Matsubara *et al.*, 2002).

As lipases são as enzimas capazes de catalisar a hidrólise e a síntese de ésteres formados a partir de glicerol e de ácidos gordos de cadeia longa (Sharma *et al.*, 2001; Sunna *et al.*, 2000; Svendsen *et al.*, 2000). As lipases têm um certo número de caraterísticas únicas, tais como a especificidade do substrato, a estereoespecificidade, a regioespecificidade e a capacidade de catalisar uma reação heterogénea na interface de sistemas solúveis e insolúveis em água (Sharma *et al.*, 2001). Trata-se de um grupo versátil de enzimas. Expressam frequentemente outras actividades, como a fosfolipase, a isofosfolipase, a colesterol esterase, a cutinase, a amidase e outras actividades do tipo esterase (Svendsen, 2000). Recentemente, várias lipases de bactérias termofílicas, *Bacillus thermoleoverans* (Lee *et al.*, 1999; Lee *et al.*, 2001; Markossian *et al.*, 2000), *Bacillus stearothermophilus* (Sinchaikul *et al*, 2001), bactérias termoacidofílicas, *Bacillus acidocaldarius* (D'Auria *et al.*, 2000), e bactérias alcalifílicas, *Bacillus* sp. estirpe A 30-1 (Wang *et al.*, 1995), *Bacillus*, foram purificadas e caracterizadas. No entanto, atualmente, as lipases utilizadas comercialmente são, na sua maioria, de origem fúngica (Jaeger *et al.*, 1994).

As lipases são amplamente utilizadas no processamento de gorduras e óleos, no processamento de alimentos, na síntese de produtos químicos finos e farmacêuticos, no fabrico de papel, na produção de cosméticos (Sharma *et al.*, 2001) e no tratamento de águas residuais ricas em lípidos (Markossian *et al.*, 2000).

Caracterização molecular:

A PCR baseia-se na amplificação *in vitro* do ADN por uma enzima polimerase de ADN termoestável (geralmente *Taq* Polymerase de *Thermus aquaticus)*. São utilizados primers especiais para amplificar a região de interesse. A PCR inclui ciclos repetidos de alta temperatura para desnaturar o ADN, recozimento do iniciador e um passo de extensão no qual o ADN complementar é sintetizado pela ação de uma polimerase termoestável. No final de cada ciclo, o número de cópias da sequência selecionada é duplicado. Assim, a quantidade da sequência alvo aumenta exponencialmente (Busch e Nitschko, 1999). A sequência alvo amplificada de uma determinada bactéria pode ser utilizada para RFLP ou sequenciada. O operão ribossómico bacteriano tem sido utilizado como marcador genético para estudar a evolução e a filogenia dos microrganismos (Abd- El- Haleem *et al.*, 2002; Luz *et al.*, 1998). Na maioria dos procariotas, os genes ribossómicos constituem um operão com a ordem 16S- 23S - 5S e são transcritos num único ARN policistrónico (Luz *et al.*, 1998). O gene 16S rRNA é uma boa ferramenta para avaliar a filogenia bacteriana ao nível do género (Abd- El- Haleem *et al.,* 2000; Shaver *et al.,* 2002). Uma vez que existe uma elevada semelhança entre as sequências de 16S rDNA nas espécies microbianas, estas sequências são insuficientes para a identificação das espécies. A utilização do 23S rDNA como marcador filogenético é limitada porque o seu tamanho é grande e não existem dados adequados na base de dados (Abd-El-Haleem *et al.*, 2002). A região entre 16S e 23S é designada por ISR (Intergenic spacer region) ou ITS (Intergenic/ Internal transcribed spacer) (Abd-El-Haleem *et al.*, 2002; Fischer e Triplett, 1999; Toth *et al.*, 2001; Shaver *et al.*, 2002; Daffonchio *et al.,*1998). A região ITS é uma ferramenta importante para a discriminação de espécies bacterianas e para a constituição de sondas e iniciadores bacterianos específicos (Daffonchio *et al.,* 1998). Contém sequências conservadas e altamente variáveis (Abd-El-Haleem *et al.*, 2002), tais como genes de tRNA e *boxA* (Garcia-Martinez *et al.,* 1999). A região 16S-ITS rDNA é amplificada como um único amplicon através da utilização de iniciadores específicos. Após a amplificação, é efectuada a digestão com endonuclease de restrição. A endonuclease de restrição é selecionada de acordo com a composição nucleotídica da região 16S e ITS do rDNA. São utilizadas enzimas de restrição de corte frequente para a digestão de restrição. Finalmente, os fragmentos de restrição são separados num gel de agarose por eletroforese e os padrões de restrição são depois comparados. Este método permite distinguir as bactérias ao nível da espécie (Garcia-Martinez *et al.,* 1999).

O PFGE é um método de tipagem molecular que permite a resolução de moléculas de ADN extremamente grandes. Tem um poder discriminatório superior ao dos métodos baseados na PCR. Pode discriminar bactérias ao nível das subespécies (Bush e Nitschko, 1999). No PFGE, os organismos são primeiro embebidos em agarose. A incorporação do ADN em agarose evita o cisalhamento aleatório do ADN em fragmentos não específicos. As células incorporadas são primeiro lisadas com um agente lítico adequado e, em seguida, desproteinizadas com proteinase K. São aplicadas várias etapas de lavagem para evitar os efeitos inibitórios dos produtos químicos. O ADN incorporado é então digerido com uma enzima de restrição de corte infrequente. As endonucleases de restrição de corte infrequente reconhecem poucos sítios no ADN genómico e criam apenas um pequeno número de fragmentos de ADN de grandes dimensões, entre 10 e 800 kb (Busch e Nitschko, 1999; Olive e Bean, 1999). Após a inserção dos tampões bacterianos digeridos no gel de agarose, procede-se à eletroforese. Os fragmentos de ADN genómico restrito são visualizados à luz UV. Finalmente, os padrões das bandas de restrição dos isolados podem ser comparados. O sistema PFGE permite a separação de ADN de maior peso molecular através da alternância de campos eléctricos com intervalos pré-determinados. Estes intervalos são designados por tempos de comutação ou tempos de impulso. Quando o primeiro campo elétrico (Ei) é ligado, os fragmentos de ADN começam a migrar no gel poroso. Estes alongam-se na direção do campo. Após um tempo de impulso, é aplicado outro campo elétrico (E2) com uma direção diferente. As moléculas de ADN têm, portanto, de mudar a sua direção e reorientar-se. A migração do ADN segue em linha reta no gel (Mora *et al.*, 1998).

No entanto, continuaram a existir várias dificuldades na identificação e caraterização de novos isolados. O padrão de ouro para a discriminação taxonómica entre bactérias tem sido a sequência 16S rRNA. Nos últimos anos, foram desenvolvidos e complementados vários métodos que utilizam técnicas de tipagem de ADN para a identificação e caraterização molecular de *Bacillus* sp. Estes métodos incluem a amplificação por PCR do espaçador transcrito intergénico 16S-23S do rRNA (ITSPCR), o polimorfismo do comprimento dos fragmentos de restrição do ITS-PCR (ITS-PCR RFLP), o ADN polimórfico amplificado aleatoriamente (RAPD), a eletroforese em gel de campo pulsado (PFGE) para diferenciação de estirpes e a sequenciação do rRNA para descrição das relações filogenéticas, entre outros.

O espaçador transcrito intergénico (ITS) do ARN ribossómico 16S-23S tem uma variabilidade de sequência muito maior do que o ARNr 16S e tem sido útil para a diferenciação de espécies bacterianas estreitamente relacionadas [Shaver *et al.*, 2002]. A caraterização do ITS permitiu a discriminação de várias espécies dentro do género *Bacillus* porque o ITS não só varia em sequência e comprimento, mas também no número de operões por genoma e na posição de cada operão [Farber *et al.,* 1996]. O RFLP é um método adequado para diferenciar estirpes de uma espécie individual e, especialmente, para estudos epidemiológicos [Bush *et al.,* 1999]. O RAPD utiliza iniciadores curtos, normalmente com 10 nucleótidos de comprimento, para amplificar múltiplos loci genómicos que, após eletroforese em gel de agarose, produzem perfis específicos de estirpes [Farber *et al.,* 1996]. Uma vez recolhida uma coleção representativa de, por exemplo, organismos contaminantes, ou isolados os seus ADN associados, pode ser utilizada uma comparação das impressões digitais RAPD para estimar o parentesco genético dos isolados [Olive e Bean, 1999]

A técnica de RAPD (Random Amplified Polymorphic DNA) é uma ferramenta poderosa para estudos genéticos e foi simultaneamente descrita por (Abd-El-Haleem *et al.,* 2002) e (Garciol-Martniez *et al.,* 1990). No entanto, a sua utilização para análises genéticas de populações pode ser limitada pelos procedimentos laboriosos envolvidos na extração de ADN genómico de grandes conjuntos de amostras. Para ultrapassar este problema, foram desenvolvidas técnicas mais simplificadas, como as que associam a formamida ao aquecimento (Fischer *et al.,* 1999) ou a utilização de tampões específicos (Triplett *et al.,* 1994). Recentemente, procedimentos como a fervura têm sido utilizados para promover a lise celular e detetar agentes patogénicos em tecidos vegetais ou também para inativar compostos como a proteinase K, que pode inibir a *Taq* DNApolimerase (Daffonchio *et al.,* 1998). No entanto, estes métodos continuam a ser morosos. As reacções de PCR utilizando ADN obtido por fervura de células são uma rotina em muitos laboratórios em todo o mundo, mas na análise RAPD esta estratégia não tem sido utilizada. As análises relatadas por (Shaver *et al.,* 2002) mencionam uma reação RAPD com ADN de *Bacillus licheniformis* extraído por ebulição celular, mas foi dada pouca informação sobre a eficiência e sensibilidade desta técnica.

No entanto, a sua utilização em análises genéticas de populações pode ser limitada pelos procedimentos laboriosos envolvidos na extração de ADN genómico de grandes conjuntos de amostras. Para ultrapassar este problema, foram desenvolvidas técnicas mais simplificadas, como as que associam a formamida ao aquecimento (Triplett *et al.,* 1994) ou a utilização de tampões específicos (Fischer *et al.,* 1999). Recentemente, procedimentos como a fervura têm sido utilizados para promover a lise celular e detetar agentes patogénicos em tecidos vegetais (Abd-El-Haleem *et al.,* 2002) ou também para inativar compostos como a proteinase K, que podem inibir a *Taq* DNA polimerase (Toth *et al.,* 1995). No entanto, estes métodos continuam a ser morosos. As reacções de PCR utilizando ADN obtido por fervura de células são uma rotina em muitos laboratórios de todo o mundo; contudo, na análise RAPD, esta estratégia não tem sido utilizada. As análises relatadas por (Garciol-Martniez *et al.,* 1990) mencionam uma reação RAPD com ADN de *Bacillus licheniformis* extraído por ebulição celular, mas há pouca informação sobre a eficiência e sensibilidade desta técnica.

Capítulo 3

3. MATERIAIS E MÉTODOS

Recolha de amostras

Para o presente estudo, a amostra de solo foi recolhida assepticamente de áreas derramadas de óleo da indústria de extração de óleo de coco num recipiente esterilizado para o isolamento de organismos produtores de lipase em condições laboratoriais.

Isolamento de *Bacillus sps*

Para o isolamento, foram utilizados os métodos de diluição em placa e de enriquecimento. Para o método de enriquecimento, 1 g de amostras foi submetido a um tratamento térmico durante 10 minutos a 80°C num banho de água, a fim de matar a maioria das células vegetativas e, assim, eliminar as bactérias não formadoras de esporos (Mora *et al.,* 1998). Após o tratamento térmico, as amostras foram transferidas para 100 ml de meio de tributirina. A incubação foi efectuada num agitador rotativo a 50°C até à obtenção de turvação. Em seguida, 500 pl do caldo foram plaqueados em meio de tributirina (Apêndice B). Para o método da placa de diluição, 1 g de amostras foi transferido para 9 ml de água salina a 0,85%. Após pasteurização a 80°C durante 10 min, uma alíquota de 1 ml de cada uma das amostras foi transferida para 9 ml de água salina a 0,85% e foram preparadas diluições de 6 vezes. Um ml das diluições foi colocado em placas de meio de tributirina e incubado durante 48-72 h a 37°C. Colónias individuais com morfologias diferentes foram colhidas e purificadas utilizando o método da placa em série.

Preservação de isolados

Foram preparadas reservas de glicerol e armazenadas a -80°C para conservação a longo prazo. As culturas puras e as estirpes de referência foram incubadas a 50°C durante 48 h em caldo de isolamento. Em seguida, 0,5 ml de cada uma das culturas foram transferidos para criotubos e foram adicionados 0,5 ml de caldo contendo 40% de glicerol. As amostras foram misturadas suavemente e armazenadas a - 80°C.

Caracterização fenotípica

Coloração de Gram

Foi utilizado o método de Gram para a coloração das bactérias. Pipetou-se uma gota de 5 pl de 1x TE para uma lâmina de microscópio. Em seguida, suspendeu-se na lâmina uma alçada de cultura nocturna em 1xTE.

O esfregaço foi preparado espalhando a gota com um palito. Após secagem, a película fina sobre a lâmina foi fixada passando-a três vezes pela chama de um bico de Bunsen.

O esfregaço fixado pelo calor foi primeiro corado com violeta cristal durante 1 minuto. Depois de enxaguar a lâmina, sob a água da torneira durante alguns segundos, de forma suave e indireta, esta foi transferida para a solução de iodo e mantida durante 1 minuto. Em seguida, a lâmina foi novamente lavada com água da torneira e incubada em álcool a 95% durante 6 s. Depois de lavar a lâmina com água da torneira, foi corada com safranina durante 30 s. Foi novamente lavada com água da torneira e seca em toalhas de papel. As células foram então examinadas ao microscópio de luz. As células Gram (+) pareciam roxas, enquanto as células Gram (-) pareciam cor-de-rosa ou vermelhas. A morfologia celular também foi examinada.

Exame dos endosporos

Os isolados cultivados em meio de ágar de tributirina durante 24 a 48 horas foram suspensos em 3-5pl de NaCl estéril a 0,09% numa lâmina de microscópio e cobertos com uma lamela. Os endosporos foram observados como corpos brilhantes nas células ao microscópio de contraste de fase.

Ensaio do indole

As culturas de teste foram inoculadas em caldo de peptona. Os tubos inoculados foram incubados a 37°C durante 24 horas. Após o período de incubação especificado, o reagente de Kovac foi adicionado às culturas.

Teste do vermelho de metilo

Os organismos de teste foram inoculados em caldo MR-VP. Os tubos inoculados foram incubados a 37° C durante 24 horas. Após o período de incubação especificado, foram adicionadas às culturas 5-6 gotas de reagente vermelho de metilo.

Teste Voges proskauer

Os organismos de teste foram inoculados em caldo MR-VP. Os tubos inoculados foram incubados a 37°C durante 24 horas. Após o período de incubação especificado, foi adicionado às culturas um volume igual de reagente de Barrits.

Teste do citrato

Utilizando a ansa de inoculação estéril, os organismos foram inoculados na lâmina de ágar citrato de Simão. Os tubos inoculados foram incubados a 37°C durante 24 horas.

Teste de motilidade

Foi retirada uma lâmina; foi colocada uma ansa cheia de cultura na cavidade; foi colocada uma lamela de cobertura sobre a cavidade e aplicada vaselina. A lâmina foi invertida e visualizada ao microscópio. **Teste da catalase**

Os isolados foram cultivados em meio de ágar de butirina durante 24 a 48 horas a 37°, tendo sido vertido peróxido de hidrogénio sobre as colónias. A formação de bolhas de ar indica a presença da enzima catalase (Smibert e Krieg, 1994).

Teste da oxidase

Os isolados foram cultivados em meio de ágar de butirina durante 24 a 48 horas a 37°. Colocou-se um papel de filtro numa placa de Petri e humedeceu-se com uma solução a 1% de tetrametil-p-fenilenodiamina. Pegou-se numa colónia grande com uma ansa e bateu-se ligeiramente no papel de filtro molhado. A formação de uma cor azul-púrpura foi considerada como prova da atividade da oxidase (Tarrand *et al.*, 1982).

Rastreio da atividade de lipase

Os meios descritos foram utilizados no rastreio de lipases. Após a inoculação dos isolados, as placas foram incubadas durante 3-4 dias a 50°C. Os halos opacos à volta das colónias foram considerados como a indicação da atividade de lipase (Haba *et al.*, 2000).

Otimização das condições de fermentação para a produção de lipase alcalina termoestável:

Otimização do pH

O efeito dos valores de pH foi realizado para determinar o valor de pH ótimo para as produtividades de lipase por todos os dois *Bacillus* sp (*Bacillus polymyxa* e *Bacillus sterothermophilus*). O pH foi ajustado a valores de pH 6 para os meios de produção utilizando NaOH 6 N ou HCl 6 N. Foi utilizado o efeito de diferentes tamanhos de inóculo do *Bacillus* sp. Produção de lipase utilizando SSF em diferentes recipientes de produção: A produção de enzimas foi estudada em 250 ml

Otimização da temperatura

O efeito dos valores de temperatura foi realizado para determinar o valor ótimo de temperatura para a produtividade de lipase por todos os dois *Bacillus* sp. (B1 - B2). A produção de lipase foi óptima à temperatura de 37°C. A produção de lipase foi estudada incubando o meio de produção a 37^0 C. (B1 - B2). Produção de lipase utilizando SSF em diferentes recipientes de produção: A produção de enzimas foi estudada em 250 ml **Otimização de lípidos por substratos**

Utilizando diferentes fontes de substratos, tais como óleo de coco, óleo de amendoim, óleo de cardamomo, óleo de rícino e óleo de gingili, o seu efeito na produção de lipase pelo *Bacillus* sp. selecionado foi avaliado a um pH (pH 6) e temperatura (37°C) óptimos **Ensaio enzimático**

O *Bacillus sp* (B1 - B2) isolado foi testado quanto à produção da enzima lipase extracelular utilizando o método titulométrico (Sadasivam e Manickam, 1996).

Reagentes:

Solução de substrato:

    0,1 N NaoH

    Fonte de enzimas

    Tampão de fosfato 50 mM (pH-7)

Colocar 20 ml de substrato num copo de 50 ml e adicionar 5 ml de tampão fosfato (pH-7). Colocar o copo em cima de um agitador magnético com placa quente e agitar lentamente o conteúdo. Manter a temperatura a 35°C. Mergulhar os eléctrodos de um medidor de pH na mistura de reação. Anotar o pH, ajustar para pH-7 e adicionar imediatamente 0,5 ml de extrato enzimático. Registar o pH e programar o temporizador para que o pH seja zero. Em intervalos frequentes (digamos 10min) ou quando o pH baixar cerca de 0,2 unidades, adicionar 0,1N de NaoH para levar o pH ao valor inicial. Continuar a titulação durante 30-60 minutos. Anotar o volume de álcali consumido.

Cálculo:

A atividade enzimática é definida como a quantidade de enzima que liberta um miliequivalente de ácido gordo livre por minuto e por g de amostra. A atividade específica é expressa em miliequivalentes/min/mg de proteína.

$$\text{Lipase activity } (\mu g/ml/min) = \frac{\text{Volume of alkali consumed X Normality of NaOH}}{\text{Time of incubation X Volume of enzyme solution}}$$

Atividade lipásica

Uma unidade de atividade lipásica foi definida como a quantidade de enzima que liberta um mole de ácido gordo livre num minuto, em condições de ensaio padrão.

$$\text{Lipase activity } (\mu g/ml/min) = \frac{\text{Volume of alkali consumed X Normality of NaOH}}{\text{Time of incubation X Volume of enzyme solution}}$$

Purificação da lipase:

O método de purificação consistiu em precipitação com sulfato de amónio, diálise e cromatografia em coluna. **Precipitação com sulfato de amónio:**

O sobrenadante da cultura (1000 ml) foi obtido por centrifugação do caldo de cultura após extração a 5000 x g, 5°C, durante 25 min. O sulfato de amónio sólido foi lentamente adicionado ao extrato bruto com agitação suave e as proteínas que precipitaram a 30 % de saturação foram recolhidas por centrifugação durante 30 minutos a 15 000 rpm.

Diálise:

O precipitado foi dissolvido em tampão TrisHcl 10 mM e dialisado contra água destilada durante a noite.

Cromatografia em coluna:

10 ml de enzima combinada foram carregados numa coluna cromatográfica de celulose DEAE (1cm X 10cm) equilibrada com tampão tris Hcl, 100 mM, pH 7,5. A enzima foi eluída com um gradiente linear de concentração de sais (NaCl, 250-1500mM) no mesmo tampão. Foram recolhidos 10 ml de fracções a um caudal de 20 ml/h.

Determinação molecular por SDS PAGE

<u>ELECTROFORESE EM GEL DE SDS</u>

1. Montar as placas de vidro/espaçadores no suporte de fundição.
2. Misturar as soluções (Exemplos abaixo: para um volume total de gel de 36 ml)
3. Desgaseificar sob vácuo (1-5min).
4. Adicionar 20 µl de TEMED, 100 µl de persulfato de amónio, misturar e verter imediatamente para o conjunto da placa de vidro.
5. Colocar suavemente um pequeno volume de água (até 1 mm de profundidade) sobre a mistura de gel de acrilamida.
6. Deixar polimerizar (demora cerca de 30 minutos; ajustar o volume da solução de persulfato de amónio conforme necessário).

Fundição de gel superior (empilhamento).

1. Preparar as soluções
2. Degaseificar sob vácuo.
3. Retirar a água da parte superior do gel inferior.
4. Adicionar 10 Lil de TEMED, 50 µl de persulfato de amónio, misturar e verter rapidamente sobre o gel inferior.
5. Introduzir o pente de amostras.
6. Permitir a polimerização.
7. Retirar o pente de amostras, lavar imediatamente os poços de amostras com água e escorrer. Encher os poços de amostra com 1x Tampão de Eletroforese. **Imobilização da enzima**

A enzima bruta foi diluída para uma diluição de 1:10. A preparação enzimática assim preparada foi conservada no frigorífico e utilizada. Reagiu-se uma mistura de 10 ml de enzima e 25 ml de soluções de alginato de sódio a 3,6% com soluções de $CaCl_2$ a 4% para obter pérolas com enzima, que foram repetidamente lavadas com água destilada e depois suspensas na mesma para determinação da atividade enzimática pelo método DNSA. (Meena e Raja, 2003).

Caracterização genotípica

Isolamento do ADN genómico

O ADN, o material genético, pode ser isolado de células procariotas e eucariotas através do método de extração com fenol e clorofórmio. O método de extração com fenol permite obter ADN bastante intacto e puro. O princípio envolve a quebra da célula para libertar o ADN e o tratamento subsequente com detergentes e enzimas para degradar a maioria das proteínas contaminantes. O digerido é desproteinizado por extracções sucessivas de fenol: clorofórmio: álcool isoamílico e o ADN é recuperado por precipitação com etanol. O passo básico deste método é a lise celular seguida de desproteinização e recuperação do ADN.

Foram retirados cerca de 2 ml de caldo de cultura e centrifugados a 8000 rpm durante 10 minutos. Aos pellets foram adicionados 1 ml de tampão de lise e incubados em banho-maria a 40°C durante 5 minutos. Os tubos Eppendorf foram depois centrifugados a 10 000 rpm durante 10 minutos para lisar as células. Recolheu-se cerca de 750 ^l de sobrenadante e um volume igual de fenol: Clorofórmio: álcool isoamílico foi adicionado na proporção de 25:24:1. Os tubos foram misturados suavemente por inversão e incubados em gelo durante 5 minutos. Os tubos Eppendorf foram centrifugados a 10.000 rpm durante 10 minutos. A camada aquosa foi recolhida num tubo Eppendorf separado, tendo sido adicionado um volume igual de etanol gelado e incubado em gelo durante 5 minutos. Em seguida, os tubos foram centrifugados a 10000 rpm durante 10 minutos. O sobrenadante foi eliminado e o pellet (ADN) foi dissolvido em 50^l de tampão TE.

Visualização de ADN em gel de agarose

A eletroforese em gel de agarose é uma técnica utilizada para resolver fragmentos de ADN com base no seu peso molecular; os fragmentos mais pequenos migram mais rapidamente do que os maiores. A distância migrada no gel varia inversamente com o logaritmo do peso molecular. Calibrando o gel com padrões de tamanho conhecido e comparando a distância de migração do fragmento desconhecido, podemos determinar o tamanho do fragmento.

A agarose a 1% foi preparada adicionando 1 g de agarose a 100 ml de tampão TAE 1x. A mistura foi aquecida num balão a 100°C num banho de água até a agarose se dissolver. A solução de agarose foi arrefecida até a sua temperatura atingir 50°C. Adicionaram-se 10 ml de brometo de etídio à agarose. Agitar o frasco para evitar a formação de bolhas de ar durante a mistura. O tabuleiro de gel foi batido nos dois lados. Colocar o pente na extremidade entalhada do tabuleiro. O conteúdo foi vertido no tabuleiro e deixado solidificar. Após a solidificação do gel, o pente foi retirado e a fita adesiva também. O tabuleiro foi colocado numa plataforma elevada dentro do aparelho, de modo a que os poços de amostra ficassem perto do elétrodo preto negativo. Deitou-se 1x de tampão TAE no reservatório de gel, de modo a que o gel ficasse totalmente imerso no tampão. $4\mu l$

de ADN da amostra e $2\mu l$ de tampão de carregamento de gel 4x foram colocados num tubo de microcentrifugação de 1,5 ml e bem misturados batendo no tubo. Os poços do gel de agarose foram carregados com 6pl de amostra. A fonte de alimentação foi ligada a 50 volts e desligada quando a primeira frente de corante desceu 80%. Depois de concluída a eletroforese, a alimentação foi desligada, os cabos foram desconectados e a tampa foi retirada. O gel foi retirado da plataforma e transferido para o transiluminador UV para visualização.

Reação em cadeia da polimerase

Se um par de primers de oligonucleótidos puder ser concebido de forma a ser complementar a uma molécula de ADN alvo, de modo a poderem ser estendidos por uma polimerase de ADN em direção um ao outro, então a região do modelo delimitada pelos primers pode ser grandemente amplificada através da realização de ciclos de desnaturação, recozimento do primer e polimerização. O processo é conhecido como Reação em Cadeia da Polimerase (PCR). A PCR permite a produção de mais de 10 milhões de cópias de uma sequência de ADN alvo a partir de apenas algumas moléculas.

Componentes da mistura de reação - ADN modelo

A quantidade de ADN modelo é da ordem de 20 ng para o ADN de plasmídeos ou fagos e de $0.1\text{-}1\mu g$ para o ADN genómico, para um total de

mistura de reação de $50\mu l$. Qualquer fonte de ADN que forneça uma ou mais moléculas-alvo pode, em princípio, ser utilizada como modelo para a PCR. Isto inclui ADN preparado a partir de sangue, qualquer tecido, amostras forenses antigas e amostras biológicas antigas, colónias bacterianas ou placas de fagos e ADN purificado.

Primários

Os primers de PCR têm normalmente 15-30 nucleótidos de comprimento. Os primers mais longos proporcionam uma maior especificidade. O teor de GC deve ser de 40-60%. Os nucleótidos C e G devem ser distribuídos uniformemente ao longo do iniciador. O iniciador não deve ser auto-complementar ou complementar a qualquer outro iniciador na mistura de reação para evitar a formação de primer-dimer e hairpin. A temperatura de fusão dos primers flanqueadores não deve diferir em mais de 5°C, pelo que o teor de GC e o comprimento devem ser escolhidos em conformidade.

Estimativa das temperaturas de fusão e de recozimento do iniciador Se o iniciador for inferior a 25 nucleótidos, a Tm é calculada por Tm = 4(G+C) +2 (A+T). A Tm é calculada por **Tm = 4(G+C) +2 (A+T)**

Se o iniciador tiver mais de 25 nucleótidos, a temperatura de fusão é calculada utilizando programas informáticos especializados, onde são avaliadas as interações de bases adjacentes, a influência da concentração de sal, etc.

dNTPs

A concentração de cada dNTP na mistura de reação é normalmente 200 µM. Os quatro dNTPs (dATP, dCTP, dGTP, dTTP) devem estar em igual concentração.

Taq DNA polimerase

$1-1.5µl$ de Taq DNA polimerase em 50pl de mistura de reação. Se estiverem presentes inibidores (fenol, ENTA, proteinase K), pode ser utilizada uma quantidade mais elevada de Taq DNA polimerase (2-3pl).

Condições do ciclismo

Passo inicial de desnaturação

A desnaturação inicial deve ser efectuada durante um intervalo de 1-3 minutos a 95°c se o teor de GC for igual ou inferior a 50%. Este intervalo deve ser alargado até 10 minutos para modelos ricos em GC.

Passo de desnaturação

A desnaturação durante 0,5-2 minutos a 94-95°c é suficiente, uma vez que o produto PCR sintetizado no primeiro ciclo de amplificação é significativamente mais curto do que o ADN modelo e é completamente desnaturado nestas condições. Se o ADN amplificado tiver um teor muito elevado de GC, o tempo de desnaturação pode ser aumentado até 3-4 minutos.3 Podem ser utilizados aditivos como glicerol (até 10-15%), DMSO (até 10%) ou formamida (até 5%).

Passo de recozimento do iniciador

A temperatura óptima de recozimento é 55°c inferior à temperatura de fusão do duplex de ADN iniciador-modelo. A incubação durante 0,5-2 minutos é geralmente suficiente.

Etapa de extensão

O passo de extensão é efectuado a 70-75°c. A taxa de síntese de ADN pela Taq DNA polimerase é mais elevada a esta temperatura. O tempo de extensão é de 1 minuto para a síntese de fragmentos de PCR até 2kb. Quando são amplificados fragmentos de ADN maiores, o tempo de extensão é normalmente aumentado em 1min por cada

1000bp. **Número de ciclos**

O número de ciclos de PCR depende da quantidade de ADN modelo na mistura de reação e do rendimento esperado do produto de PCR. Se a quantidade inicial de ADN modelo for superior, são normalmente suficientes 2535 ciclos.

Etapa final de extensão

Após o último ciclo, as amostras são normalmente incubadas a 72°c durante 5-15min para preencher as extremidades salientes dos produtos PCR recém-sintetizados. Durante este passo, a atividade de transferase terminal da Taq DNA polimerase adiciona nucleótidos A extra às extremidades 3' do produto PCR. Por conseguinte, se os fragmentos do produto da PCR tiverem de ser clonados em vectores T/A, este passo pode ser prolongado até 30 minutos.

As soluções foram suavemente agitadas em vórtex e centrifugadas por breves instantes após a descongelação. Todo o conteúdo foi adicionado a um tubo PCR de parede fina.

S.N.	REAGENTE	QUANTIDADE PARA A MISTURA DE REACÇÃO (μl)
1.	Modelo de ADN	1.5
2.	Taq DNA polimerase	1.5
3.	mistura de dNTP'S	1.5

4.	Primário de avanço	1.5
5.	Primário inverso	1.5
6.	Tampão de ensaio 10x	1.0
7.	Água sem nuclease	1.0
8.	Corante carregado em gel	1.5

O volume total foi completado até $11\mu l$ utilizando água estéril isenta de nuclease. As amostras foram agitadas em vórtex e centrifugadas brevemente para recolher todas as gotas das paredes do tubo. As amostras foram colocadas num ciclo térmico e iniciou-se a PCR. Os passos foram repetidos durante 35 ciclos e a extensão final durou 4 minutos. O produto amplificado esperado da PCR foi verificado por eletroforese em gel de agarose a 1,5% com uma escada de 1Kb.

Visualização de ADN em gel de agarose

A eletroforese em gel de agarose é uma técnica utilizada para resolver fragmentos de ADN com base no seu peso molecular; os fragmentos mais pequenos migram mais rapidamente do que os maiores. A distância migrada no gel varia inversamente com o logaritmo do peso molecular. Calibrando o gel com padrões de tamanho conhecido e comparando a distância de migração do fragmento desconhecido, podemos determinar o tamanho do fragmento.

A agarose a 1,5% foi preparada adicionando 1,5 g de agarose a 100 ml de tampão TAE 1x. A mistura foi aquecida num balão a 100°C num banho de água até a agarose se dissolver. A solução de agarose foi arrefecida até a sua temperatura atingir 50°C.

$10\mu l$ de brometo de etídio foi adicionado à agarose. Agitar o frasco para evitar a formação de bolhas de ar durante a mistura. O tabuleiro de gel foi batido nos dois lados. O pente foi colocado na extremidade entalhada do tabuleiro. O conteúdo foi vertido no tabuleiro e deixado solidificar. Após a solidificação do gel, o pente foi retirado e a fita adesiva também. O tabuleiro foi colocado numa plataforma elevada dentro do aparelho, de modo a que os poços de amostra ficassem perto do elétrodo preto negativo. Verteu-se tampão TAE 1X no depósito de gel de modo a que o gel ficasse totalmente imerso no tampão. $10\mu l$ do produto PCR e da amostra de ADN digerido por restrição e $5\mu l$ do tampão de carregamento do gel 4x foram colocados num tubo de microcentrifugação de 1,5 ml e bem misturados batendo no tubo. Os poços do gel de agarose foram carregados com 15 pl de amostra. A fonte de alimentação foi ligada a 50 volts e desligada quando a primeira frente de corante desceu 80%. Depois de concluída a eletroforese, a alimentação foi desligada, os cabos foram desconectados e a tampa foi retirada. O gel foi retirado da plataforma e transferido para o transiluminador UV para visualização. O gel foi analisado utilizando a documentação do gel.

4. RESULTADOS

Enriquecimento:

A técnica de cultura de enriquecimento permitiu o isolamento de estirpes com atividade lipolítica em placas de meio de tributirina Foto.1 No total, foram recolhidos 25 isolados da amostra de solo e, entre eles, dois isolados (B1 e B2) apresentaram uma elevada atividade lipolítica em placa-1 & (Quadro 1).

QUADRO 1: Amostras e isolamento

Amostra	Isolados	Dominante Nome do isolado
Solos residuais de lagares de azeite	25	B1 B2

Os resultados revelaram que 25 isolados com atividade de lipase, a bactéria dominante *Bacillus* spp. foram listados na tabela acima.

PLACA-1: RECOLHA DE AMOSTRAS

ISOLAMENTO DE *Bacillus* spp

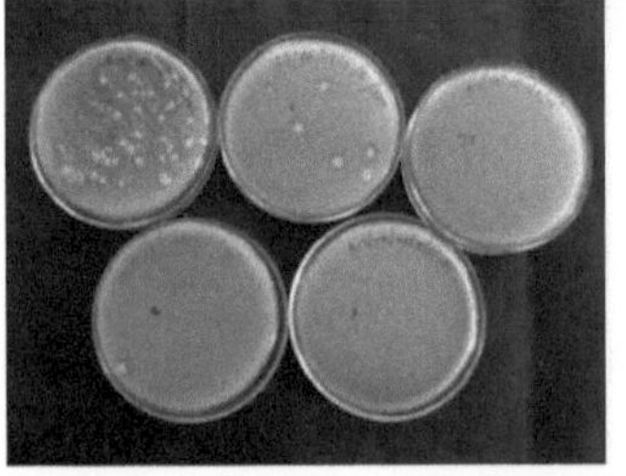
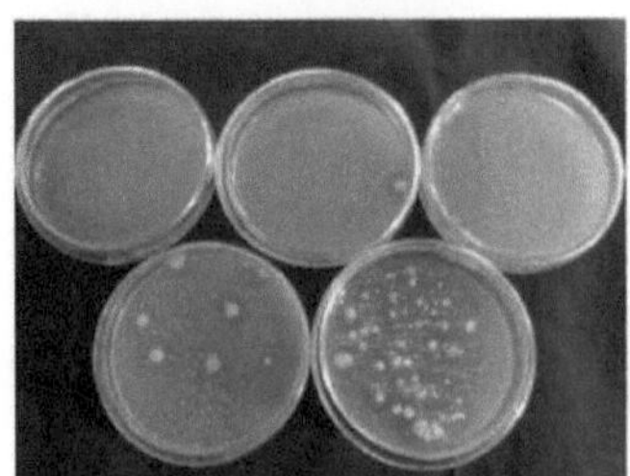

Placa que mostra o crescimento de *Bacillus* spp em ágar Trybutrin Caracterização morfológica e bioquímica:

Os micróbios lipolíticos foram ainda analisados e caracterizados pelas suas caraterísticas e reacções, sendo depois identificados como organismos Gram positivos, com forma de bastonete e móveis (Quadro 2). Placa-3 Finalmente, o teste morfológico e bioquímico indicou que os organismos suspeitos eram *Bacillus* sp.

Tabela: 2 Caracterização bioquímica e morfológica

S .N	Testes	B1	B2
1	Coloração de Gram	+	+
2	Teste de motilidade	+	+
3.	Coloração de endosporos	+	+
4.	Teste do indole	-	-
5.	Ensaio do vermelho de metilo	+	+
6	Teste VP	-	-
7	Teste de utilização de citrato	+	+
8.	Teste da urease	-	-
9.	Hidrolases do amido	+	+

10.	Hidrolases de caseína	+	+
11.	Hidrolases de gelatina	+	+
12.	Teste de redução de nitratos	+	+
13.	Teste da oxidase	-	-
14.	Teste da catalase	+	+
15.	Teste de glicose	-	-
16.	Teste de Lactose	+	+
17.	Teste da sacarose	+	+
18.	Teste do manitol	-	+

(+ Positivo, - Negativo)

A identificação bioquímica e morfológica do organismo B1 - *Bacillus polymyxa*, B2 - *Bacillus stearothermophilus*.

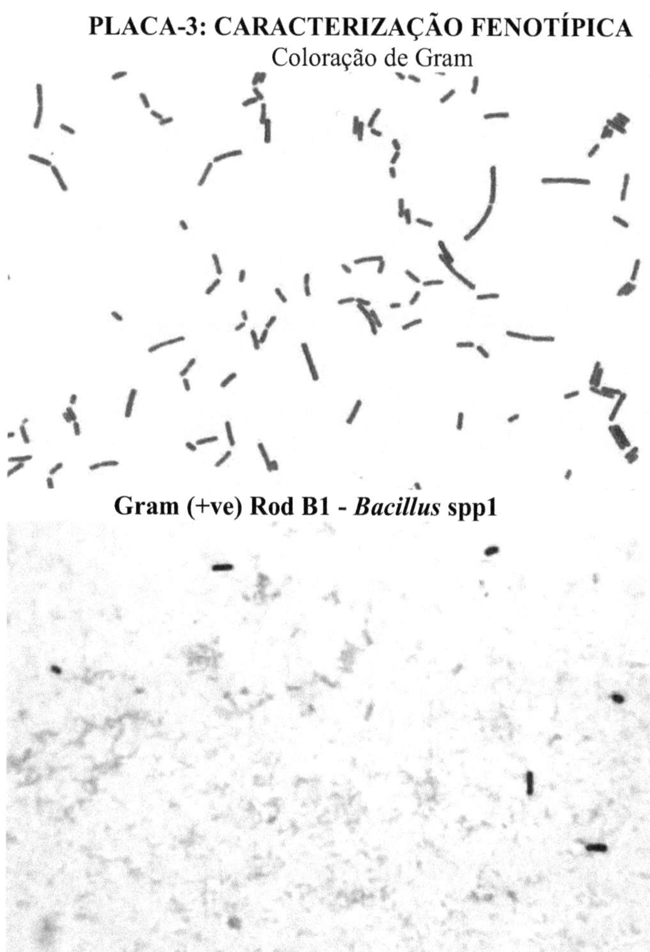

Gram (+ve) Rod B1 - *Bacillus* spp1

Gram (+ve) Rod B2 - *Bacillus* spp2

Otimização:

A eficiência lipolítica de *Bacillus sp.* (B1 e B2) foi testada com diferentes substratos, como óleo de coco, óleo de gingili, óleo de rícino, óleo de cardamomo e óleo de amendoim, também em concentrações médias variadas de substrato durante 48 horas. Entre os substratos testados, *o Bacillus stearothermophilus B2* mostrou uma atividade máxima (48 pg/ml/min) em óleo de cardamomo a pH 6, placa-5 (Tabela 3)

Tabela 3: Efeito do pH-6 na produção de lipase

S. Não	Amostras	pH	Vol. de Alkai Consumido (ml)	Tempo (min)	gg/ ml/ min= Vol. de álcali consumido* Resistência de alcalino
					Vol. de enzima Amostra* Tempo (min)
1	*Bacillus polymyxa*	6.0	0.6	1.25	96.0
2	*Bacillus stearothermophilus*		0.6	0.52	230.7

PLACA-5

Otimização das Condições de Fermentação para a Produção de Lipase - Efeito do pH

B1-(*Bacillus polymyxa)*

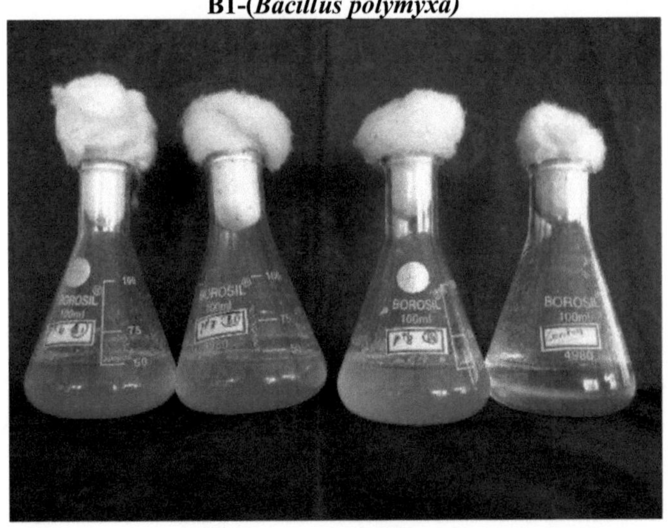

B2-(*Bacillus stearothermophilus*)

pH6   pH7   pH8   Control

Crescimento de dois isolados *de Bacillus* em meio basal a diferentes pH

Entre os *Bacillus* spp. testados, a atividade máxima de lipase foi alcançada pelos seguintes *Bacillus* spp. B1, B2 a 37°C durante 24 a 48 horas (Quadro 4, placa-6).

Tabela: 4

Efeito da temperatura 37° C na produção de lipase

S. Não	Amostras	T°	Vol. de Alkai consumido (ml)	Tempo (min)	gg/ ml/ min= Vol. alcalino consumido* Força dos álcalis
					Vol. de enzima Amostra* Tempo (min)
1	*Bacillus polymyxa*		0.8	1.40	114.2
2	*Bacillus stearothermophilus*	37 C°	0.3	0.32	187.5^

PLACA-6: EFEITO DA TEMPERATURA

B1-(*Bacillus polymyxa*)

B2-(*Bacillus stearothermophilus*

Crescimento de dois isolados *de Bacillus* em meio basal a diferentes temperaturas Purificação:

Num ensaio de precipitação da lipase com sulfato de amónio, os resultados revelaram que 30 % de saturação era a melhor concentração para uma atividade específica máxima. As fracções proteicas mais activas aumentam a dobra de purificação muitas vezes a partir da placa de origem-8 & (Tabela.7)

PLACA-8
PURIFICAÇÃO **DA LIPASE**

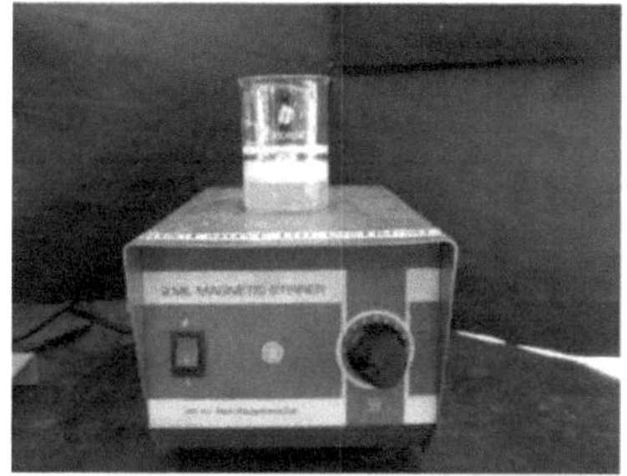

1- PROCESSO DE SALGA

2-DIALISE

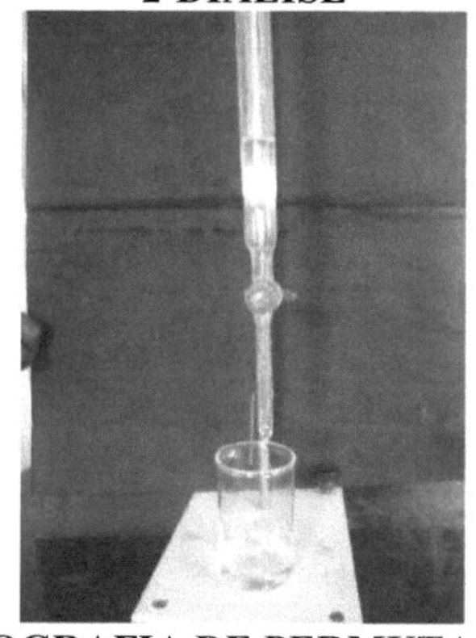

CROMATOGRAFIA DE PERMUTA DE 3 IÕES

Tabela: 7 Actividades enzimáticas purificadas (Cromatografia em coluna)

S.N o	Amostras	Vol. de álcali consumido (ml)	Tempo (min)	gg/ ml/ min= Vol. alcalino consumidox Força dos álcalis

				Vol. de enzima Amostra x Tempo (min)
1	*Bacillus polymyxa*	0.2	1.22	32.07
2	*Bacillus stearothermophilus*	0.1	0.38	52.06

Estimativa:

A lipase purificada exibiu a sua atividade máxima no período de incubação de 36 h, onde atingiu até. Um aumento contínuo da atividade enzimática deveu-se ao aumento da concentração da enzima (52,6 pg/ml/min), onde atingiu até 52,6 pg/ml/min para a lipase purificada Plate-7 (Tabela 5 e 6).

PLACA-7 OPTIMIZAÇÃO DE LÍPIDOS POR SUBSTRATOS

B1-(*Bacillus polymyxa*) B2-(*Bacillus stearothermophilus*)
Crescimento de dois isolados *de Bacillus* no meio basal em diferentes substratos

Tabela: 5 Actividades enzimáticas purificadas (APS)

S.N.	Amostras	Vol. de álcali consumido (ml)	Tempo (min)	gg/ ml/ min= Vol. alcalino consumido* Força do álcali Vol. de enzima Amostra* Tempo (min)
1	*Bacillus polymyxa*	0.1	0.51	39.02
2	*Bacilo stearothermophilus*	0.2	1.04	38.46

Tabela: 6 Actividades enzimáticas purificadas (diálise)

S.N.	Amostras	Vol. de álcali consumido (ml)	Tempo (min)	gg/ ml/ min= Vol.alcalino con sumido* Força dos álcalis Vol. de enzima Amostra * Tempo (min)
1	*Bacillus polymyxa*	0.1	0.52	38.46
2	*Bacillus stearothermophilus*	0.1	0.56	35.07

Determinação do peso molecular:

O protocolo global das etapas de purificação resultou no aumento da dobra de purificação da lipase após a aplicação de DEAE-celulose. Isto deve-se possivelmente à remoção de contaminantes inibitórios e/ou de elevado peso molecular durante estas fases de purificação.

Os pesos moleculares são uma banda única de 36 KDa (placa-9) As enzimas produzidas foram imobilizadas em esferas de alginato de cálcio (placa-9).

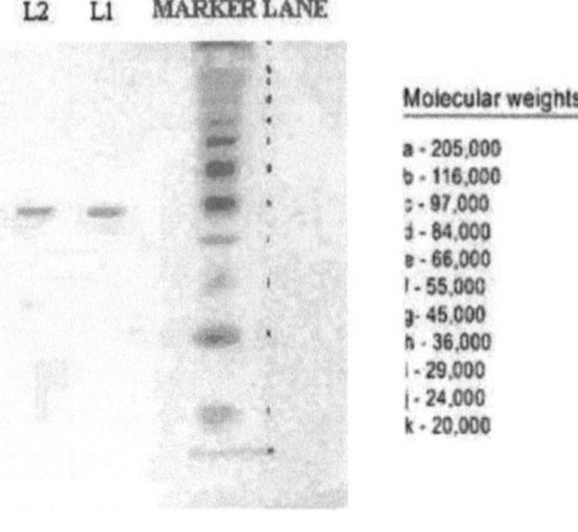

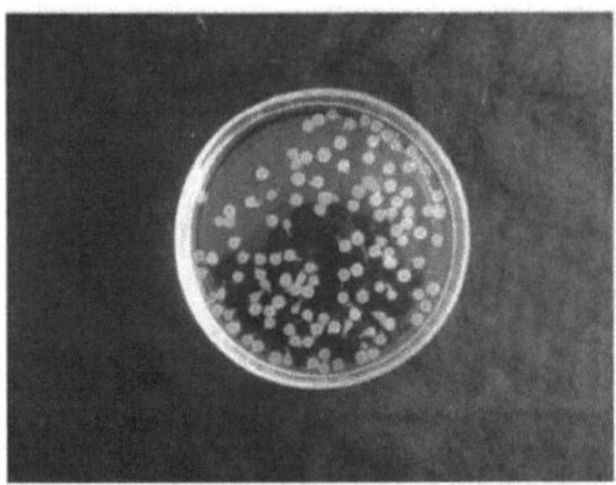

IMOBILIZAÇÃO DE ENZIMAS

Isolamento de ADN

O ADN foi isolado utilizando o método de extração com fenol e clorofórmio. O ADN pelletizado foi dissolvido em tampão TE. O ADN isolado foi confirmado pelo método de eletroforese em gel de agarose. Foram observadas bandas de cor laranja, o que confirma que o ADN estava presente na amostra isolada.

Amplificação de ADN

O ADN isolado foi amplificado utilizando a reação em cadeia da polimerase para caraterizar molecularmente as espécies de Bacillus isoladas.

Uma vez que as espécies de Bacillus isoladas apresentaram resultados semelhantes nos seus caracteres fenotípicos, tais como a morfologia e as caraterísticas bioquímicas, para revelar a variação entre os isolados, a caraterização genotípica é essencial para este fim. O ADN isolado, juntamente com primers aleatórios, foi utilizado para efeitos de amplificação. A amplificação da região STR produz maioritariamente um fragmento de ADN distinto com um mínimo de 1940,10 pb e um máximo de 11 000 pb de comprimento.

Para a identificação molecular de duas estirpes isoladas, foram obtidos perfis RAPD com amplificação de repetições aleatórias curtas. Os produtos foram corridos num gel de agarose a 2% para ver todos os perfis diferentes e para agrupar os isolados que produziram perfis amplificados semelhantes. A imagem do gel foi posteriormente analisada. Utilizando um programa de software de dinâmica não linear. O dendrograma dos isolados representativos e das estirpes de referência foi apresentado na (placa-10).

Resultados da caraterização molecular da PLATE-10

Gel de agarose de amostras amplificadas por PCR

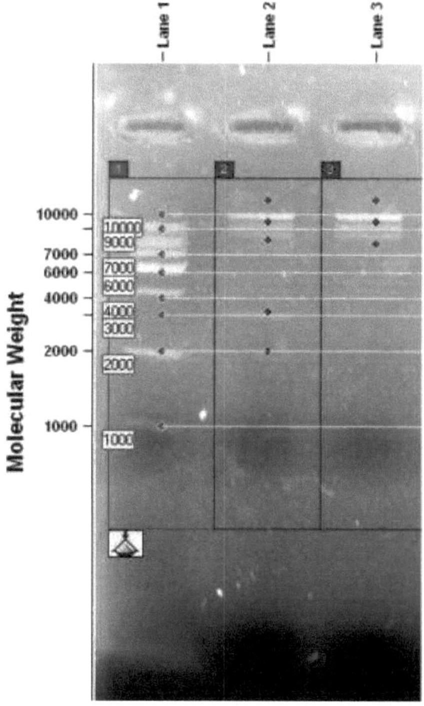

Padrões de banda da pista 2

BAND	POSN	VOLUME	VOL+BKGND	ÁREA	LANE %	MW	RF
1	54	169922.41	1973054.00	17892.00	41.37	11000.00	0.06
2	106	68730.50	1119591.00	10584.00	16.73	9537.68	0.13
3	150	16367.00	619475.00	5544.00	3.98	8098.69	0.18

Padrões de banda da pista 3

BAND	POSN	VOLUME	VOL+BKGND	ÁREA	LANE %	MW	RF
1	54	207407.57	2073610.00	19656.00	46.95	11000.00	0.06
2	106	47829.33	614446.00	6300.00	10.83	9537.68	0.13
3	158	66971.97	1632739.00	14868.00	15.16	7816.11	0.19
4	323	34116.11	1571075.00	13608.00	8. 31	3167.80	0.38
5	419	12088.00	1283444.00	10836.00	2.94	1940.10	0.49

Capítulo 5

5. DISCUSSÃO

A produção de enzimas é um domínio crescente da biotecnologia e o mercado mundial de enzimas é superior a 1,5 mil milhões de dólares, prevendo-se que duplique até ao ano 2008 [Lowe, D.A., 2002]. Há muito que as enzimas são de interesse para a indústria dos detergentes devido à sua capacidade de ajudar a remover manchas persistentes e de proporcionar benefícios únicos que não podem ser obtidos de outra forma com as tecnologias de detergentes convencionais.

No presente estudo, as estirpes bacterianas produtoras de lipase foram isoladas do solo da fábrica de óleo de coco e identificadas como *Bacillus* sp. (B1 e B2). Entre os diferentes substratos testados, verificou-se que o azeite era adequado para aumentar a produção de lipase pelas estirpes *de Bacillus* isoladas e rastreadas e a atividade máxima de lipase (52,6 pg/ml/min) foi registada por *Bacillus* sp (B2). Além disso, independentemente dos substratos testados, a atividade da lipase foi máxima a pH 6,0. Em pH5 e pH7, pH médio elevado testado, a atividade da lipase foi menor.

Cento e cinquenta e três isolados bacterianos foram cultivados a 55°C e a pH 9 com o objetivo de produzir uma lipase termoalcalostável para ser utilizada como aditivo em formulações de detergentes. Um teste de seleção da produtividade lipolítica de todos os isolados bacterianos resultou no facto de apenas dois isolados bacterianos terem sido considerados os melhores produtores de enzimas lipolíticas (Quadro 1). Do ponto de vista industrial, a fim de produzir lipase termoalcalostável de baixo custo, os dois isolados bacterianos mais potentes.

Este resultado está de acordo com o relatório anterior de Achamma *et al.,* (2003). Estes autores inferiram que a atividade de lipase de *Bacillus* sp. era máxima a pH 7 durante as 24 horas do período de cultura. No presente estudo, em todos os substratos testados e também em todos os meios de pH, as estirpes *de Bacillus* testadas mostraram uma atividade máxima durante 24 horas do período de cultura. Ao aumentar o período de cultura para 72 h, a atividade da lipase diminuiu. Também se obtiveram níveis elevados de atividade de lipase nas estirpes de *Bacillus* quando se utilizou azeite como substrato.

Rohit *et al.,* (2001) relataram que a produção de lipase foi maior quando óleo de coco, óleo de cardamomo, óleo de amendoim, óleo de rícino e óleo de gingili foram usados como fonte de carbono. No presente estudo, a influência da temperatura do meio indicou que a produção de lipase das estirpes isoladas foi mais elevada (0,001 a 0,0021 pg/ml/min) a 37°C quando comparada com as produzidas a 27 e 47°C. Aqui também a atividade máxima foi exibida por *Bacillus* spp (B2).

Walavalkar e Bapat (2001) referiram que a atividade de lipase de *Staphylococcus* sp. era máxima a 37°C. Lakshmi *et al.*, (1999) referiram que a produção de lipase era elevada em meio adicionado com óleo de cardamomo do que em meio adicionado com glucose.

Em contradição, Banerjiee *et al.*, (1985) relataram que alguns microrganismos apresentaram actividades mais elevadas quando cultivados em meio contendo glucose. Novotny *et al.*, (1988) relataram que o óleo de cardamomo em combinação com a glucose aumenta a atividade da lipase e na maioria dos casos e também a presença de óleo de cardamomo, juntamente com glucose ou glicerol no meio, diminuiu significativamente os níveis de lipase e esterase. Também inferiram que, se o óleo de cardamomo fosse utilizado como a única fonte de carbono para o crescimento, as actividades enzimáticas de *Candida guilliermondii* e de levedura sp. apresentavam um aumento de quatro a cinco vezes. Tal como relatado por Nakashima *et al.*, (1988), a presença de óleo de caramomo como meio de crescimento aumentou consideravelmente a atividade de lipase da estirpe *Bacillus* 2 (B1) no presente estudo.

Fadiloglu band Erkmen (2002) também relatou que o óleo de cardamomo em combinação com outras fontes de nitrogênio aumentou a produção de lipase, mas a presença de fonte de carbono no óleo de cardamomo diminuiu significativamente (P < 0,01) a atividade da lipase e o conteúdo de biomassa. Também referiram que se verificou que as fontes de azoto orgânico aumentavam a síntese de lipase por *Candida rugosa* cultivada na presença de óleo de cardamomo.

Anteriormente, as fracções activas da lipase foram novamente concentradas sob vácuo e purificadas por permeação em gel.
A lipase ativa é mostrada na placa-9. A enzima purificada tinha uma atividade de lipase de 168 U/mL e a atividade específica de lipase nestas fracções era de 1479 U/mg de proteína. Um perfil representativo está resumido na Tabela 9. A lipase purificada foi incubada com várias concentrações de trioleína na emulsão e as concentrações finais de trioleína na mistura de reação variaram de 0,5 a 4,0 mM.

Foram desenvolvidos vários métodos de tipagem biológica molecular para melhorar o poder discriminativo dos métodos de tipagem para o género *Bacillus*. Estes incluem a amplificação de uma sequência de ADN do parasita através de uma PCR específica ou de uma PCR de ADN polimórfico amplificado aleatoriamente (RAPD) ou a deteção de polimorfismo de comprimento de fragmentos de restrição (RFLP) por hibridação a sul com sondas específicas de ADN (Kim *et al.*, 2002). A análise RFLP é uma técnica morosa e são necessárias grandes quantidades de ADN purificado, enquanto a análise RAPD exige condições rigorosas para obter a reprodutibilidade entre diferentes laboratórios e gera padrões complexos (Navotny *et al.,* 1988). Em contrapartida, os métodos específicos baseados na PCR são atractivos devido à sua rapidez e ao facto de se poder evitar a cultura de parasitas (Triplett *et al.,* 1994). No entanto, a maioria das causas do nível de polimorfismo encontrado nas sequências amplificadas por PCR codificantes ou repetidas não codificantes não é suficientemente refinada para distinguir entre estirpes estreitamente relacionadas (Inagaki *et al.,* 1998 Kimura *et al.,*2000) As sequências de ADN microssatélite e um motivo de nucleótidos de amostra estão distribuídos abundantemente nos genomas eucarióticos e podem revelar polimorfismos importantes das estirpes. No entanto, até agora só foram identificados e caracterizados dois microssatélites de *Bacillus* que apresentam polimorfismos de tamanho. Normalmente, para estudar os microssatélites, os investigadores selecionam uma biblioteca de ADN genómico e avaliam depois o polimorfismo do tamanho dos microssatélites por amplificação por PCR em eletroforese em géis de acrilamida. A análise RAPD é útil para diferenciar as bactérias ao nível das estirpes (Luz *et al.,* 1988). Recentemente, foram realizados estudos de diversidade para avaliar a especialização ecológica ou do hospedeiro neste *Bacillus* sp. Métodos anteriores, como a análise de isoenzimas e de rDNA, detectaram pouca ou nenhuma variação genética entre isolados do *Bacillus* sp. Por conseguinte, (Hoshino *et al.,*1992) utilizaram o ADN polimórfico amplificado aleatório (RAPD) para analisar várias regiões do ADN anónimo e detectaram polimorfismos extensos, embora não houvesse provas de especialização ecológica ou do hospedeiro (Meiko *et al.,* 1977) utilizaram a análise do polimorfismo de comprimento de fragmentos de restrição do grande espaçador não transcrito de repetições de rDNA de uma coleção mundial de *Bacillus* a distribuição de padrões de tipo nuclear identificados sugeriu que o fluxo genético estava a ocorrer em toda a América do Norte e o outro concluiu provisoriamente que o risco relativo de libertar um único isolado nativo deste *Bacillus* sp em todo o Canadá era provavelmente inferior a 1,5 milhões de euros. Uma avaliação mais precisa da estrutura genética das populações canadianas de *Bacillus* sp foi descrita por (Hoshino *et al.,*1992), utilizando a análise RAPD, que fornece impressões digitais multilocus e é mais sensível a variações baixas.

RESUMO

Para o presente estudo, foi recolhida assepticamente uma amostra de solo de áreas derramadas de óleo da indústria de extração de óleo de amendoim num recipiente esterilizado para o isolamento de organismos produtores de lipase em condições laboratoriais. Para começar, foram isolados micróbios lipolíticos da amostra de solo recolhida. Para o efeito, 1,0 g de solo foi dissolvido em 100 ml de água destilada. Em seguida, foi diluído em série (10-1 a 10-5) e as amostras diluídas foram colocadas em ágar nutriente para contagem total viável. Os organismos dominantes isolados foram identificados como *Bacillus* sp. com base em caracteres morfológicos, bioquímicos e fisiológicos, de acordo com o manual de bacteriologia determinativa de Bergey (Holt *et al.,* 1996).

Os parâmetros variados foram os substratos lipídicos. Verificou-se que a amostra era acelerada em condições de cultura optimizadas, tais como pH do meio, temperatura e várias concentrações de substrato. A partir dos resultados, pode concluir-se que o pH do meio de 6,0 e a temperatura de 37°C foram óptimos para maximizar a produção de lipase por *Bacillus* sp. A influência do período de crescimento na produção de lipase de *Bacillus* sp (B1 e B2) foi avaliada através da cultura em meios de produção durante 48 h. Além disso, a influência de diferentes substratos na produção de lipase também foi avaliada no substrato optimizado, que maximizou a produção de lipase. Os *Bacillus* sp (B1 e B2) isolados foram testados quanto à produção de lipase extracelular utilizando o método titulométrico (Sadasivam e Manickam, 1996). Uma unidade de atividade de lipase foi definida como a quantidade de enzima que liberta um mol de ácido gordo livre num minuto em condições de ensaio padrão. O método de purificação consistiu em precipitação com sulfato de amónio, diálise e cromatografia em coluna e determinação molecular por SDS PAGE. Na caraterização genotípica, foram estudados o isolamento do ADN genómico, a confirmação do ADN por eletroforese em gel de agarose, a amplificação do ADN, o ADN polimórfico amplificado aleatório (RAPD) e a eletroforese do fragmento amplificado.

CONCLUSÃO

Com o rápido desenvolvimento da tecnologia enzimática, foram identificadas muitas novas aplicações biotecnológicas potenciais para as lipases nas áreas da indústria de detergentes, indústria alimentar, indústria de fabrico de papel, síntese de bio-surfactantes, síntese orgânica de cosméticos e produtos farmacêuticos. Pode concluir-se que as lipases produzidas por Bacillus sp são mais adequadas para aplicações industriais devido ao seu caso de produção, técnicas de fermentação relativamente baratas, grande variedade e estabilidade em solventes orgânicos, o que permite a sua utilização em síntese orgânica. Os melhores resultados são obtidos com óleo de cardamomo como substrato em pH 6 a 37°C para a produção de lipase. Nos estudos de caraterização molecular, o ADN amplificado foi documentado e o peso molecular foi determinado. As lipases produzidas pelas estirpes isoladas podem ser estudadas no que diz respeito à atividade enzimática, à purificação e à produção. Os genes que codificam estas enzimas também podem ser clonados para obter enzimas termoacidofílicas recombinantes.

REFERÊNCIAS

Abd-El-Haleem, D., Layton, A.C., Sayler, G.S., "Long PCR-Amplified rDNA for PCRRFLP and Rep-PCR based approaches to Reconhecer micróbios estreitamente relacionados *Journal of Microbiological Methods*, **49:** (2002), 315-319.

Achamma, T., Manoj, M.K., Valsa, A., Mohan, S., Manjula, R., (2003). Otimização das condições de crescimento para a produção de lipase extracelular por *Bacillus mycoides,* Indian J. Microbiol. **43:** 6769.

Ako, C., Cillard, D., Jennings, B.H., (1995). Modificação enzimática da trilinoleína. Incorporação de ácidos gordos N-3Saturados. J. Am. Oil Chem. Soc. **72:** 1317-1321.

Albuquerque, L., Rainey, F.A., Chung, A.P., Sunna, A., Nobre, M.F., Grote, R., Antranikian, G., Martinz, D.A., e B.C. Nudel, 2002. A melhoria da secreção e estabilidade da lipase através da adição de compostos inertes em *culturas de Acinetobacter calcoaceticus*. Can. J. Microbiol, **48:** 1056-1061.

Banerjee, M., Sengputa, I., e Majumdar, S.K., "Lipase Production by *Hansenula anomala* var. Schnegii", J. Food Sci. Technol. **22:** 137139, 1985.

Bataillon, M., Cardinali, N. P., Castillon, N., Duchiron, F., "Purification and characterization of a moderately thermostable xylanase from *Bacillus* sp. strain SPS-O," *Enzyme and Microbial Tecnology*, **26:** (2000), 187-192.

Beg, Q.K., Kapoor, M., Mahajan, L., Hoondal, G.S., "Microbial xylanases and their industrial applications: a review," *Applied Microbial Biotechnology*, **56:** (2001), 326-338.

Benjamin, S.A., Pandey, *Candida rugosa* lipases: Molecular biology and versatility in biotechnology, *Yeast*, **14:** (1998) 1069-1087

Bergey's Manual of Determinative Bacteriology, J.G., Holt (Ed.), Williams and Wilkins Co.,Baltimore, USA (1994) p. 787.

Bora, L., e M.C., Kalita, 2007. Produção e otimização de lipase termoestável a partir de um Bacillus sp.LBN4 termofílico. Inter. J. Microbiol. **4(1):** 1-12.

Breccia, J.D., Sineriz, F., Baigori, M.D., Castro,R.G., Hatti-Kaul, R., "Purification and characterization of a thermostable xylanase from *Bacillus amyloliquefaciens*," *Enzyme and Microbial Technology*, **22:** (1998), 42-49.

Bruno Laura, M., Filho Jose, L., de Lima, de Melo, Eduardo, H., de Castro, Heizir, F., (2004) Síntese de ésteres catalisada pela lipase de *mucor miehei* imobilizada em partículas magnéticas de polissiloxano e álcool polivinílico. Appl. Biochem and Biotechnol **113:**1-3, pp. 189-200.

Boletim da Fac. Riyadh Univ., (Arábia Saudita), **8:** 105-119.

Bush, U., e Nitschko, H., "Methods for the differentiation of microorganisms," *Journal of Chromatography*, **722:** (1999), 263278.

D'Auria, S., Herman, P., Lakowicz ,J.R., Tanfani, F., Bertoli, M.E., "The esterase from the thermophilic eubacterim *Bacillus acidocaldarius*: structural-functional relationship and comparison with the esterase from the hyperthermophilic archaeon *Archaeoglobus fulgidus*," *PROTEINS: Structure, Function, and Genetics*, **40:** (2000) 473-481.

Da Costa, M.S., "*Alicyclobacillus hesperidum* sp. nov., an releated genomic species from solfataric soils of Miguel in the Azores," *International Journal of Systematic and Evolutionary Microbiology*, **50:** (2000), 451-457.

Daffonchio, D., Borin, S., Consolandi, A., Mora, D., Manachini, P.L., Sorlini ,C., "16S-23S rRNA internal transcribed spacers as molecular markers for the species of the 16S rRNA group I of the genus *Bacillus*," *FEMS Microbiology Letters,* **163:** (1998), 229236.

Darland, G., e Brock, T.D., "*Bacillus acidocaldarius* sp. nov., uma bactéria termófila acidófila formadora de esporos," *Journal of General Microbiology,* **67:** (1971), 9-15.

Deinhard, G., Blanz, P., Poralla, K., Altan, E., "*Bacillus acidoterrestris* sp. nov., um novo acidófilo termotolerante isolado de diferentes solos", *Systematic and Applied Microbiology*, **10:** (1987a), 47-53.

Dellamora-ortiz gm., Martins, R.C., Rocha, W.L., Dias, A, P., (1997). Atividade e estabilidade de uma lipase *de Rhizomucor miehei* em meio hidrofóbico. Biotechnol. and Appl. Biochem vol. **26:** pp.111-116.

Dharmusthii, S., e Luchai, S., 1999. Produção, purificação e caraterização da lipase termofílica de Bacillus sp. THL0127.FEMS Microbiol. Lett., **179:** 241-246.

Dosanih, N.S., Kaur, J., (2002). Estudos de imobilização, estabilidade e esterificação de uma lipase de um *Bacillus sp.* Biotechnol. and Appl. Biochem. vol. **36:** pp. 7-12

Drochioiu Gabi, (2005). Ensaio turbidimétrico de lípidos em farinhas de sementes. J. Food Lipids, **12:** 1, p.12.

Ducret, A., Trani, M., e Lortie, R., 1998. Esterificação enantioselectiva catalisada por lipase de ibuprofeno em solvente orgânico sob atividade de água controlada. Enzyme Microbial Technology, **22:** 212-216.

Elkhattabi, M., P. Gelder, W., Bitter e Tommassen,J., 2003. Papel do ião cálcio e da ligação dissulfureto na lipase da gluma de Burkholderis. J. Mol. Catal. B. Enzym, **22:** 329-338.

Elwan, S.H., M.R. El-Naggar e M.S. Ammar, 1977. Caraterísticas das lipases no crescimento de lipases de *Rhizopus delemer*. Agric. Biol. Chem., **38:** 1341-1352.

Engelhardt, H., e Peters I., "Structural research on surface layers: A focus on stability, surface layer homology domains, and surface layer-cell wall interactions," *Journal of Structure Biology,* **124:** (1998), 276-302.

Erkmen, E., e "Oner, M.D., "E.ects of Various Supplements on Ribo.avin Production by *Ashbya gossypii* in Whey", Tr. J. Eng. Env. Sci., **22:** 371-376, 2002.

Fadnavis, N.W., Deshpande, A., (2002). Aplicações sintéticas de enzimas aprisionadas em micelas reversas e organo-géis. Curr. Organic Chem **6(4):**

393-410.

Farber, J. M., "An introduction to the hows and whys of molecular typing," *Journal of Food Production,* **59:** (1996), 1091-1101.

Fisher, M.M., Triplett, E.W., "Automated approach for ribosomal intergenic spacer analysis of microbial diversity and its application to freshwater bacterial communities," *Applied and Environmental Microbiology,* **65:** (1999), 4630-4636.

Garcia-Martinez, J., Acinas S. G., Anton A. I., Francisco Rodriguez-Valera F, "Use of the 16S-23S ribosomal genes spacer region in studies of prokaryotic diversty," *Journal of Microbiological Methods,* **36:** (1999), 55-64.

Gill, RA., Robothan P.W.J., (1989). Composição, fontes e identificação de fontes de hidrocarbonetos de petróleo e seus resíduos, In: Green J, Treth MW Ed. O destino e os efeitos do petróleo em água doce. Nova Iorque Elsevier Appl. Sci. pp. 11-40.

Gitlesen, T., Bauer, M., Adlercreutz ,P., (1997). Adsorção de lipase em pó de polipropileno, Biochimica et Biophysica Ata. vol.**1345:** pp. 188-196.

Gombert, AK., Pinto al, Castilho ,L.R., Freirc DMG (1999). Lipase por *Penicillium restrictum* em fermentação em estado sólido usando torta de óleo de babaçu como substrato, Process Biochem, vol.**35:** pp. 85-90.

Goto, K., Tanimoto, Y., Tamura, T., Mochida, K., Arai, D., Asahara, M., Suzuki M, Tanaka H., Inagaki K., "Identification of thermoacidophilic bacteria and a new *Alicyclobacillus* genomic species isolated from acidic environment in Japan," *Extremophiles,* **6:** (2002b), 333-340.

Gulati Ruchi, ISAR Jasmine, Kumar Vineet, Parsad Ashok, K., Parmar Virinder, S., Saxena Rajendra, K., (2005). Produção de uma nova lipase alcalina por *Fusarium globulosum* usando óleo de Neem, e suas aplicações. Pure and Appl Chem, **77**(1): 251-262.

Gunstone, Frank, D., (1999). Enzimas como biocatalisadores na modificação de lípidos naturais, J., Sci. Food and Agric. 79(12): 1535 - 1549. HE YQ, Wang BW, Tan TW (2004). Tecnologia de produção fermentativa de lipase com *Candida sp*. Chinese J. Biotechnol. **20**(6): 921-926.

Haba, E., Bresco, O., Ferrer, C., Marques, A., Basguets, M., Manresa, A., "Isolamento de bactérias secretoras de lipase utilizando óleo de fritura usado como substrato seletivo," *Enzyme And Microbial Technology,* **26:** (2000), 40-44.

Henderson, R, J., Millar, R, M., Rsarget, J., (1995). Efeito da temperatura de crescimento na distribuição posicional do ácido eicosapentaenóico e do ácido trans-hexadecenóico nos fosfolípidos de uma espécie de bactéria vibrião, IBIDS, **30:** 181-185.

Heraldson, G, G., Gudmundsson, B,O., Almarsson, O., (1995). A síntese de triglicéridos homogéneos de ácido eico sapenbaenóico e de lipase de ácido decosaheraenóico. J. Tetrahedron, S1: 941-952.

Hippchen, B., Poralla, K., "Occurence in soil of thermoacidophilic bacilli possessing cyclohexane fatty acids and hopanoids," *Arch. Microbiol*, **129**: (1981), 53-55.

Hoondal, G. S., Tiwari, R. P., Tewari, R., Dahiya, N., Beg Q. K, "Microbial alkaline pectinases and their industrial applications: a review," *Applied Microbiology And Biotecnology*, **59**: (2002), 409418.

Hoshino,T., Shimizu,S., Watanabee., Yuichi, W., Nagasawa, T., e Yamane, T., (1992). Urificação e algumas caraterísticas da lipase extracelular de *Fusarium oxysporum* f sp. lini. BioSc., Biotechnol. Biochem., **56**: 660-664.

HSU An-Fei, Jones K, Foglia TA, Marmer ,W, N., (2002). Produção catalisada por lipase imobilizada de ésteres alquílicos de gordura de restaurantes como biodiesel. Biotechnol and Appl Biochem. vol. **36**: pp.181-186.

Inagaki, K., Nakahira, K., Kazahisa, M., Tamura, T., Tanaka, H., "Gene cloning and characterization of an acidic xylanase from *Acidobacterium capsulatum*," *Bioscience Biotechnology Biochemistry*, **62**: (1998), 1061-1067.

Jaeger, K., Ransac, S., Dijkstra, B. W., Colson, C., Heuvel, M., Misset, O., "Bacterial Lipases," *FEMS Microbiology Reviews*, **15**: (1994), 29-63.

Jaeger, K. E., M.T. Reetz, Microbial lipases form versatile tools for biotechnology, *Trends Biotechnol.* **16**: (1998) 396-403.

Jensen, M. A., Webster, J. A., Strauss, N., "Rapid identification of bacteria on the basis of polymerase chain reaction-amplified ribosomal DNA spacer polymorphisms," *Applied and Environmental Microbiology*, **59**: (1993), 943-952.

Kim, G, K., G.S. Choi, J.Y. Kim, J.B. Lee, D.H. Jo, Y.W. Ryu, Seleção, produção e propriedades de uma esterase estereoespecífica de *Pseudomonas* sp. S34 com elevada seletividade para éster etílico de cetoprofeno, *J. Mol. Catal. B-Enzym. 17:* (2002) 19-38.

Kimura, T., Ito J., Kawano, A., Makino, T., Kondo, H., Karita, S., Sakka, K., Ohoniya, K., "Purification, characterization and molecular cloning of acidophilic xylanase from *Penicillium* sp. 40," *Bioscience Biotecnology Biochemistry, 64:* (2000), 1230-1237.

Lakshmi, B., Kangueane, P., Abraham, B., Pennatheu, G., (1999). Efeito de óleos vegetais na secreção de lipase de *candida rugosa* 9DSM2031) Lett. Appl. Microbiol. *29:* 66-70.

Lee, D., Kim, H., Lee, K., Kim, B., Choe, E., Lee ,H., Kim, D., Pyun Y, "Purification and characterization of two distinct thermostable lipases from the Gram-positive thermophilic bacterium *Bacillus Thermoleovorans* ID-1," *Enzyme and Microbial Technology, 29:* (2001), 363-371.

Lee, D., Koh, Y., Kim, B., Choi, H., Kim, D., Suhartono, M., T., Pyun, Y., "Isolation and characterization of a thermophilic lipase from *Bacillus Thermoleovorans* ID-1," *FEMS Microbiology Letters, 179:* (1999), 393-400.

Liese, A., Seelbach, K., e Wandrey, C., 2000. Industrial biotransformation Weinheim; Wiley-VCH. Pratyoosh Shukla, Debabrata Garai, Mohd. Zafar,

Kshitiz Gupta e Smriti Shrivastava, 2007. Process Parameters Optimization for Lipase Production by Rhizopus Oryzae KG-10 under Submerged Fermentation using Response Surface Methodology.

Lipase Production by *Rhizopus chinensis* and Its Immobilization within Biomass Support Particles", J. Ferment. Technol., *66:* 441-448, 1988.

Lowe, D.A., 2002. Production of enzymes *In:* Biotecnologia básica, Ralledge, C. e Kristiansen, B. (eds.).*2* edição. Cambridge. pp: 391-408. nd

Lowry, O, H., Rosenbrouugh, N, J., Farr, A, L., Randal, R, J., (1951). Medição de proteínas com o reagente de fenol Folin. J. Biol. Chem. *193:* 265- 275.

Luz, S, P., Rodriguez-Valera F., Lan, R., Peter, R., Reeves, P, R., "Variation of the ribosomal operon 16S-23S gene spacer region in representatives of *Salmonella enterica* subspecies," *Journal of Bacteriology*, **180:** (1998), 2144-2151.

Macedo, G, A., Park, Y, K., Pastore, G,M., (1997) . Purificação parcial e caraterização de uma lipase extracelular de uma estirpe recentemente isolada de *Geotrichum* sp. Rev. Microbiol. **28**(2): 90-95.

Macrae,A,R., R.C. Hammond, Present and future applications of lipases, *Biotechnol. Genet. Eng.* **3:** (1985) 193-217.

Markossian ,S., Becker, P., Marc, H., Antranikian, G., "Isolation and characterization of lipid-degrading *Bacillus thermoleovorans* IHI- 91 from an icelanding hot spring," *Extremophiles*, **4:** (2000), 365371.

Martinelle, M., Hult, K., (1995). Cinética das reacções de transferência de acilo em meios orgânicos catalisadas por *Candida antarctica* lipase B. Biochimica Biophysica Ata. **1251**(2): 191-197.

Matsubara, H., Goto, K., Matsumura, T., Mochida, K., Iwaki, M., Niwa, M., Yamasato, K., "*Alicyclobacillus acidiphilus* sp. nov., uma nova bactéria termoacidofílica, contendo ácidos gordos alicíclicos, isolada de bebidas ácidas," *International Journal of Systematic and Evolutionary Microbiology*, **52:** (2002), 168-1685.

Meiko, I., e Yoshio, T., (1977). A purificação e as propriedades de três tipos de dialisado de filtrado de *Bacillus stearothermophilus* cultivado a 55°C utilizando um ensaio de placa de tributirina-copo.

Mora, B, Fortina, M. G., Nicastro, G., Parini, C., Manachini, P. L., "Genotypic characterization of thermophilic bacilli: a study on new soil isolates and several reference strains," *Res. Microbiol.*, **149:** (1998), 711-722.

Muralidhar, R, V., Marchant, R., Nigam, P., (2001). Lipases em resoluções racémicas. J. Chemical Technol & Biotechnol. **76**(1): 3-8.

Mustranta, A., (1992). Utilização de lipase na resolução do racémio de ibuprofeno. Microbiol. Biotechnol. **38:** 61-66.

Nakashima, T., Fukuda, H., Kyotani, S., e Marikowa, H., "Culture Conditions for Intracellular Mediated by a high-affinity transport que inclui uma proteína de ligação à maltose tolerante a pH baixo", *Journal of Bacteriology,* **182:** (2000a), 6292-6301.

Nazina T. N., Taurova T. P., Poltaraus A. B., Novikova E. V., Grigoryan A. A., Ivanova A. E., Lysenko A. M., Petrunyaka V., Osipov G. A., Belyaev S. S., Ivanov M. V., "Estudo taxonómico de bacilos termofílicos aeróbios: descrições de *Geobacillus subterrenaus* sp. nov. e *Geobacillus uzenensis* sp. nov. de reservatórios de petróleo e transferência de *Bacillus stearothermophilus, Bacillus thermocatenutalus, Bacillus thermoleovorans, Bacillus kaustophilus, Bacillus thermoglucosidasius* e *Bacillus thermodenitrificans* para *Geobacillus* como as novas combinações *G. stearothermophilus, G. thermocatenulatus, G. thermoleovorans, G. kaustophilus, G. thermoglucosidasius e G. thermodenitrificans*", *International Journal of Systematic and Evolutionary Microbiology*, **51**: (2001), 433-446.

Neidhardt, F. C., Ingraham J. L., e Schaechter, M., "Bacterial Physiology," in *Physiology of the bacterial cell: a molecular approach,* editado por W. Scott (Sinauer Associates, Massachusetts, 1990), p. 128.

Nicolaus, B., Improta, R., Manca, C. M., Hama, L., Esposito, E., Gambacorta, A., "*Alicyclobacilli* from an unexplored geothermal soil in Antartica: Mount Rittmann," *Polar Biology*, **19**: (1998), 133-141.

Nishio, T, T., Chikano, M., Kamimura, Purificação e algumas propriedades da lipase produzida por *Pseudomonas fragi, Agr. Biol. Chem.* **51**: (1987) 181-186.

Novotny, C., Dolezalova, L., Musil, P., e Novak, M., "The Production of Lipases by Some *Candida* and *Yarrowia* yeasts? J. Basic Microbiol. **28**: 221- 227, 1988.

Olive, D., Bean, P., "Principles and applications of methods for DNA-based typing of microbial organisms," *Journal of Clinical Microbiology*, **37**:(1996), 1661-1669.

Ollis Ol., Cheab, E., Cyler, M., Dijkstra, B., Frolow, P., Franken, S, M., Harel, M, M., Remingeton, S, J., Silman, I., Safrag, J., Sussman, J, l., Verschueren, K., Golman A., (1992).The OC hydrolase fold problem Eng. s. pp. 197- 211.

Poonam Prasad A,K., Mukherjee Chandrani, Shakya Gaurav, Meghwanshi, G, K., Wengel Jesper, Saxena, R, K., Parmar Virinder, S., (2005). Reacções de transacilação selectiva em 4-aril- 3-4 dihidropirimidina-2-onas e nucleósidos mediadas por novas lipases. Pure and Appl Chem. **77**(1): 237-243.

Rohit, S., Yusuf, C., Ullamchand, B., (2001). Produção, purificação, caraterização e aplicação de lipases. Biotechnol. Adv. **19**: 627-662.

Sadasivam, M., Manickam, S., (1996). Biochemical methods. Segunda edição, Hindustan Publishers, pp. 116-117.

Salleh, A, B., Musani. R., Razak, C,A,N., (1993). Lipases extra e intracelulares do Rhizopus oryzae temofílico e factores que afectam a sua produção. Can. J. Microbiol. **39**: 978-981.

Saxena, R.K., Ghosh, P.K., Gupta, R., Davdison, W.S., Bradoo, S. e Gulati, R. (1999). Microbial lipases: Potenciais biocatalisadores para a indústria do futuro. Curr. Sci., 77: 101-115. Bush U e Nitschko H, "Methods for the differentiation of microorganisms," *Journal of Chromatography*, **722:** (1999), 263-278.

Sharma, R., Christi, Y., Banerjee, U, C., "Production, purification, characterization and application of lipases," *Biotechnology Advances*, **19:** (2001), 627-662.

Shaver, Y, J., Nagpal, M, L., Rudner, R., Nakamura, L. K., Fox, K, F., "Restriction fragment length polymophism of rRNA operons for discrimination of intergenic spacer sequences for cataloguing of *Bacillus subtilis* sub-groups", *Journal of Microbiological Methods*," **50:** (2002), 215-223.

Shimada, Y., Sujihara, A., Maruyama, K., Nagao, T., Nakayama, S., Nahano, H., Taminago, Y., (1998). Enriquecimento do ácido arodridónico; hidrólise selectiva de um óleo unicelular. De mortiella com lipase de candida cylindraceae. Jam. Oil Chem. Soc. **72:** 1323-1327.

Sinchaikul, S., Sokkheo, B., Phutrakul, S., Pan, F., Chen, S., "Otimização de uma lipase termoestável de *Bacillus Stearothermophilus* P1: Sobreexpressão, purificação e caraterização," *Protein Expression and Purification*, **22:** (2001), 388-398.

Singh, S, K., Felse, A, P., Nunez, A., Foglia, T, A., Gross, R, A., (2003).Síntese regiosselectiva catalisada por enzimas de ésteres de fosfolípidos, amidas e monómeros multifuncionais. J. Organic Chem. **68**(14):5466-5477.

Slepeckly, R, A., e Hemphill, H, E., "The genus *Bacillus*- Nonmedical", ln *The Prokaryotes 2nd Edition*, editado por A. Ballows (Springer Verlag, New York,1991), pp. 1663-1696.

Smibert, R, M., e Krieg, N, R., "Phenotypic Characterization" in *Methods for General and Molecular Bacteriology* editado por P. Gerhardt (ASM Publications, Washington, D. C., (1994) 607.

Snellman, E, A., Colwell, R, R., (2004). *Acinetobacter* lipase: biologia molecular, propriedades bioquímicas e potencial biotecnológico. J. Industrial Microbiol and Biotechnol. **31**(9): 391-400

Subhas, K, S., Robert, L, I., (1998). Bioremediação. Fundamentos e aplicações. Vol. 1. Technomic publishing company, inc. Lancaster, Pennsylvannnia 17604. U.S.A. Journal of Applied Sciences in Environmental Sanitation, **2** (3): 93-103.

Sugihara, A. T., Tani e Tominaga, Y., 1991. Purificação e caraterização de uma nova lipase termoestável de Bacillus sp. J. Biochem, **109:** 211-216.

Suzuki, T., Choo, D, W., kurihara, T., Soda, K., Esaki , N, A. (1998). Lipase adaptada ao frio de um psicrotrófico do Alasca, *Pseudomonas sp*, Estirpe B 11-1: Clonagem de genes e purificação e caraterização de enzimas. Appl. e Environ. Microbiol. **64**(2): 486-491.

Svendsen ,A., "Review: Lipase Protein Engineering," *Biochemica et Biophysica Ata*, **1543:** (2000), 223-238.

Tarrand, J, J., Gröschel, D, H, M., "Rapid, modified oxidase test for oxidase variable bacterial isolates," *Journal of Clinical Microbiology*, **16:** (1982), 772-774.

Toth, I, K., Avroka, A, O., Hyman, L. J., "Rapid identification and differentiation of the soft rot *Erwinias* by 16S-23S intergenic transcribed spacer-PCR and restriction fragment length polymorphism analyses," *Applied and Environmental Microbiology*, **67:** (2001), 4070-7076.

Tsurooka, N., Isono, Y., Shida, O., Hemmi, H., Nakayama.T., e Nishino, T., "*Alicyclobacillus sendaiensis* sp. nov., uma nova espécie acidófila e ligeiramente termofílica isolada do solo em Sendai, Japão," *International Journal of Systematic and Evolutionary Microbiology*, **53:** (2003), 1081-1084.

Uchino, F., e Doi, S., "Acido-thermophilic bacteria from thermal waters," *Agricultural and Biological Chemistry*, **31:** (1967), 817822.

Vielle, C., e Zeikus, G, J., "Hyperthermophilic enzymes: sources, uses and molecular mechanisms for thermostability," *Microbiology and Molecular Biology Reviews*, **65:** (2001), 1-43.

Walavalkar, G, S., Bapal, M, M., (2002) Staphylococcuis Warneri BW 94 Uma nova fonte de lipase. Indian J. Exp. Biol. **40:** 1280-1284.

Wang, Y., Srivastava, K, C., Shen G. J, Wang, H, Y., "Thermostable alkaline lipase from a newly isolated thermophilic *Bacillus* strain, A30-1 (ATCC 53841)," *J. Ferment. Bioeng.*, **79:** (1995), 433-438.

Wisotzkey, J, D., Jurtshuk, J, R, P., Fox, G, E., Deinhard, G., Poralla, K., "Comparative sequence analyses on the 16S rDNA of *Bacillus acidocaldairus, Bacillus acidoterrestris* and *Bacillus cycloheptanicus* and proposal for creation of a new genus, *Alicyclobacillus* gen. nov.," *International Journal of Systematic Bacteriology*, **42:** (1992), 263-269.

Yamazaki, K., Teduka, H., Shinano, H., "Isolation and identification of *Alicyclobacillus acidoterrestris* from acidic beverages," *Bioscience Biotechnology Biochemistry*, **60:** (1996), 543-545.

APÊNDICE -I

MEDIA

Meio basal (1000ml)

Substrato (óleo)   -10ml

NaCl-6   ,0 g

$(NH4)2SO4$ -1.0 g

Extrato de levedura-1,0 g

$KH2PO4$ -0.5 g

$MgSO4.$ 7H2O-0   ,1 g

$CaCl2.6$ H2O-0   .1 g

pH-6   ,0

Meio de ágar gelatina (1000 ml)

Gelatina-3   ,0 g

Peptona-15   g

Cloreto de sódio -10   g

Ágar-15   g

pH-7   ,2 ± 0,2

Meio de produção de indole: (1000ml)

Triptona-10   g

MR-VP-broth: (1000ml)

Peptona-7   .0g

Dextrose-5   .0g

Fosfito de   potássio-5   ,0g

Caldo de nitratos: (1000ml)

Peptona-5   .0g

Extrato de carne de bovino-3 .   0g

Nitrato de   potássio-1   ,0g

pH-7   .0

Caldo de nutrientes: (1000ml)

Peptona-5   .0g

Extrato de carne de bovino-3 .   0g

pH final - 6   ,8

(Após autoclavagem)

Meio nutritivo: (1000ml)

Açúcar-5 ,0 g

(sacarose (ou) lactose (ou) glucose)

Extrato de levedura-5   .0g

$MgSO4$ -2.0g

$K2HPO4$ -1.0g

NaCl-5   ,0 g

$(NH4) H2PO4$ -1.0 g

Vermelho de   metilo-0   ,08 g

Caldo Rotamine B.: (1000ml)

NaCl-5   ,0 g

$CaCl2$ -0.05 g

$$
\begin{array}{ll}
\text{Peptona-5} & \text{,0 g} \\
\text{Extrato de levedura-5} & \text{,0 g}
\end{array}
$$

1% Tween 20-5 ,0 ml

pH-8 .0

Meio de ágar citrato de Simmon: (1000ml)

Di-hidrogenofosfato de amónio-1 , 0g

Fosfato dipotássico-1 , 0g

Cloreto de sódio-5 , 0g

Citrato de sódio-2 , 0g

Sulfato de magnésio-0 , 2g

Ágar-15 g

Azul de bromotimol-0 ,08 g

Meio de ágar-leite desnatado: (1000ml)

Leite em pó desnatado - 1 ,0 g

Peptona-5 ,0 g

Ágar-15 g

pH-7 .2

Meio de ágar amido: (1000ml)

Peptona-5 ,0 g

Extrato de carne de bovino-3 .0 g

Amido solúvel-2 ,0 g

Ágar-15 g

pH-7 .0

Meio de ágar tributirina: (1000ml)

Tributirato de glicerol-10 ,0 ml

Peptona-5 ,0 g

Extrato de levedura-3 ,0 g

Ágar-15 g

pH-7 ,5 ± 0,2

Meio de Agar de soja Trypticase: (1000ml)

Trypticase-15 g

Fitano-5 g

Cloreto de sódio-5 g

Ágar-15 . 0g

pH-7 ,3

Caldo de nitrato de soja tripticase: (1000ml)

Nitrato de potássio (isento de nitratos) - 0 ,2 g

Peptona-5 ,0 g

Caldo de ureia: (1000ml)

Ureia-90 g

Apêndice II

ESTIRPES REAGENTES

Acrilamida e Bis Acrilamida em stock:

Acrilamida-300 g

Bis Acrilamida-8 .0 g

Água   destilada-1000ml
Gel de agrose:

                                        Agrose-4   .0 g
Água   destilada-1000ml
Estoque de amónio por sulfato:
Amónio por sulfato   -100g
Água destilada -   1000 ml
Solução de descoloração:

                                        Metanol-200ml
Ácido acético glacial -   200 ml
Completar o volume para 1000 ml com água destilada.
Tampão de eletroforese (10 x):
                          Tris-0   ,24 g
                          EDTA-0   ,20 g
                          SDS-1   ,6 g
                          Glicina-0   ,4 g
Água destilada -   1000   ml
3% H2O2 :
          Peróxido de hidrogénio - 30   ,0 ml
          Água destilada -   1000   ml
Solução de iodo:
                          Iodo-10   ,0 g
          Iodeto de   potássio-20   ,0 g
          Água destilada -   1000   ml
Tampão de lise:
                          Glucose-18   ,0 g
                          Tris-12   ,0 g
                          EDTA-6   ,0 g
                          SDS-20   .0 g

                          NaCl-10   ,0 g
Água destilada -   1000   ml
(0,1%) NaOH:

                                        NaOH-4   ,0 g
Água destilada -   1000   ml
Tampão fosfato:

Solução A:
Fosfato de sódio   monobásico-16   g
Água destilada -   1000   ml
Solução B:
Fosfato de sódio   dibásico-14 g
Água destilada -   1000   ml

Solução   A-390   ml
Solução   B-610   ml
                                             =1000   ml
                              pH-7.0

PÁGINA SDS:

                              SDS-100   g
Água destilada -   1000   ml

Solução de coloração:

Azul brilhante   coomassivo-4   ,0 g
                              Metanol-120   ml
Ácido acético glacial -   200   ml

Estes são preparados para 1000 ml com água destilada.

Solução de substrato:

                              Azeite-80   ml
                              Sais biliares-40   ,0 g
CaCl2   -4   g
Água destilada -   1000   ml

Tris stock:

Tris superior:

                              Tris-160   g
Água destilada -   1000   ml
                              pH-6   ,8

Tris inferior:

                         Tris-180   g
Água destilada -   1000   ml
                             pH-8   ,8

Printed by Books on Demand GmbH, Norderstedt / Germany